ISBN 978-3-662-31301-5 ISBN 978-3-662-31506-4 (eBook)
DOI 10.1007/978-3-662-31506-4

Referenten: Professor Dr. Paul Guthnick

Professor Dr. August Kopff

Sonderabdruck aus „Zeitschrift für Astrophysik", Band 17, Heft 3/5
Springer-Verlag Berlin Heidelberg GmbH

Es werden die ph-Helligkeiten ($\lambda \sim 4160$) von 6182 Sternen und die phvis-Helligkeiten ($\lambda \sim 5800$) von 2329 Sternen abgeleitet. Die Auriga-Dunkelwolke wird in das Feld 1, 2 (sternärmster Teil: 16,94 Quadratgrad) und in das sternreichere Übergangsgebiet: Feld 3 (4,42 Quadratgrad) unterteilt. Als Vergleichsgebiet (Feld 4) wird ein Areal der benachbarten Milchstraße (3,98 Quadratgrad) herangezogen. — Die Diskussion der WOLFschen Kurven ergibt, nach Reduktion des Vergleichsfeldes 4 auf die galaktische Breite der Dunkelwolke, für Feld 1, 2 eine ph-wirksame Absorption von $1^m.4$ in einer mittleren Entfernung von etwa 100 bis 200 Parsec. Die Absorption wächst bis 350 Parsec auf $2^m.1$. Für das Übergangsgebiet ergibt sich eine Absorption im ph-Bereich von 1^m bis $1^m.2$. Die Werte werden mittels der Wahrscheinlichkeitsmethode V. D. PAHLENS geprüft. — Die Diskussion der Farbenindizes (4160/5800) ergibt für die Gegend der Nordpolar-Sequenz eine Verfärbung von rund $0^m.15$ (international = $0^m.08$). Das Licht der Sterne in Feld 1, 2, deren Entfernung mehr als etwa 350 Parsec beträgt, ist um rund $0^m.9$ verfärbt, während die Sterne des Feldes 3 um $\sim 0^m.5$ zu rot erscheinen. — Zum Schluß werden die Ergebnisse vorliegender Arbeit mit den Werten SCHALÉNS verglichen und allgemeine Betrachtungen über WOLFsche Kurven angestellt.

A. Die Grundlagen und das Material der Untersuchung.

1. Lage und Koordinaten der Dunkelwolke. Das dieser Untersuchung zugrunde gelegte dunkle Milchstraßenfeld erstreckt sich von $-9°$ bis $-13°$ galaktischer Breite; die Grenzen in galaktischer Länge betragen $130°$ bzw. $135°$. Das Zentrum der Dunkelwolke liegt etwa bei $l = 132°$ und $b = -11°$ [die Koordinaten des galaktischen Nordpols sind nach Groningen Publ. 43, 1929: $12^h 56^m$, $+25°.5$ (1900)]. In δ und α liegen die Grenzen ungefähr wie folgt: $\delta = +32°.5$ bis $+39°$; $\alpha = 4^h 19^m$ bis $4^h 50^m$ (1855,0).

Die Lage der Auriga-Dunkelwolke in bezug auf das allgemeine Feld der Milchstraße gibt eine Reproduktion aus dem Milchstraßenatlas von M. WOLF wieder (siehe Abb. 1), die einen Teil der Galaxis von Taurus bis Auriga darstellt. Zur Orientierung sind die hellsten Sterne bezeichnet. Das zu untersuchende Dunkelfeld ist durch Umrandung hervorgehoben.

Große Schwierigkeit bereitet bei solchen Untersuchungen die Wahl eines geeigneten Vergleichsfeldes, von dem die Größe der sich ergebenden Absorption im wesentlichen abhängt. Dieses Feld hat, streng genommen, folgende Forderungen zu erfüllen: 1. Muß es, wenn möglich, innerhalb gewisser Grenzen dieselbe galaktische Breite wie das Dunkelfeld haben, und

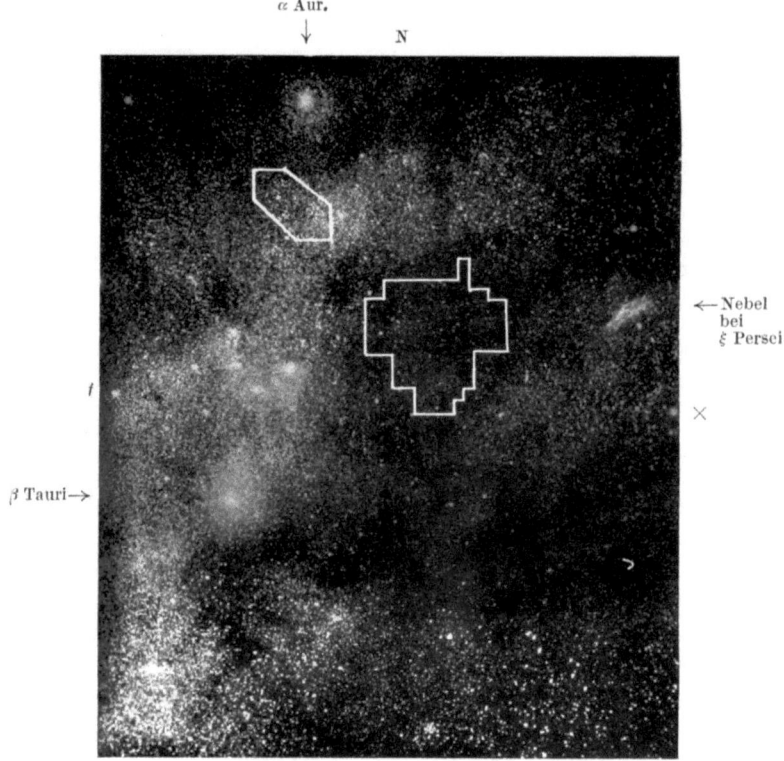

Abb. 1. Die Milchstraße in Auriga, Taurus und Perseus.

es darf auch in galaktischer Länge nicht zu erheblich von der des zu untersuchenden Gebietes abweichen, damit die Sternverteilung und das Mischungsverhältnis der Spektraltypen in beiden Feldern nach Möglichkeit gleich sind; 2. muß das Vergleichsfeld frei von Absorption sein. Von einer allgemeinen interstellaren Absorption von $0^m\!.67/1000$ Parsec (nach TRÜMPLER) wird abgesehen. Da nach Abb. 1 das Auriga-Taurus-Feld sehr strukturreich ist, sind beide Forderungen schwer miteinander zu vereinen. Es wurde deshalb von der Gleichheit in galaktischer Breite Abstand genommen und als Vergleichsgebiet (Feld 4) ein in demselben galaktischen Längengrad auf 0⁰ galaktischer Breite liegendes Feld gewählt (in Abb. 1 ebenfalls durch Umrandung hervorgehoben). Der Forderung nach Absorptionsfreiheit scheint Genüge geleistet, jedoch nicht der Voraussetzung der Gleichheit

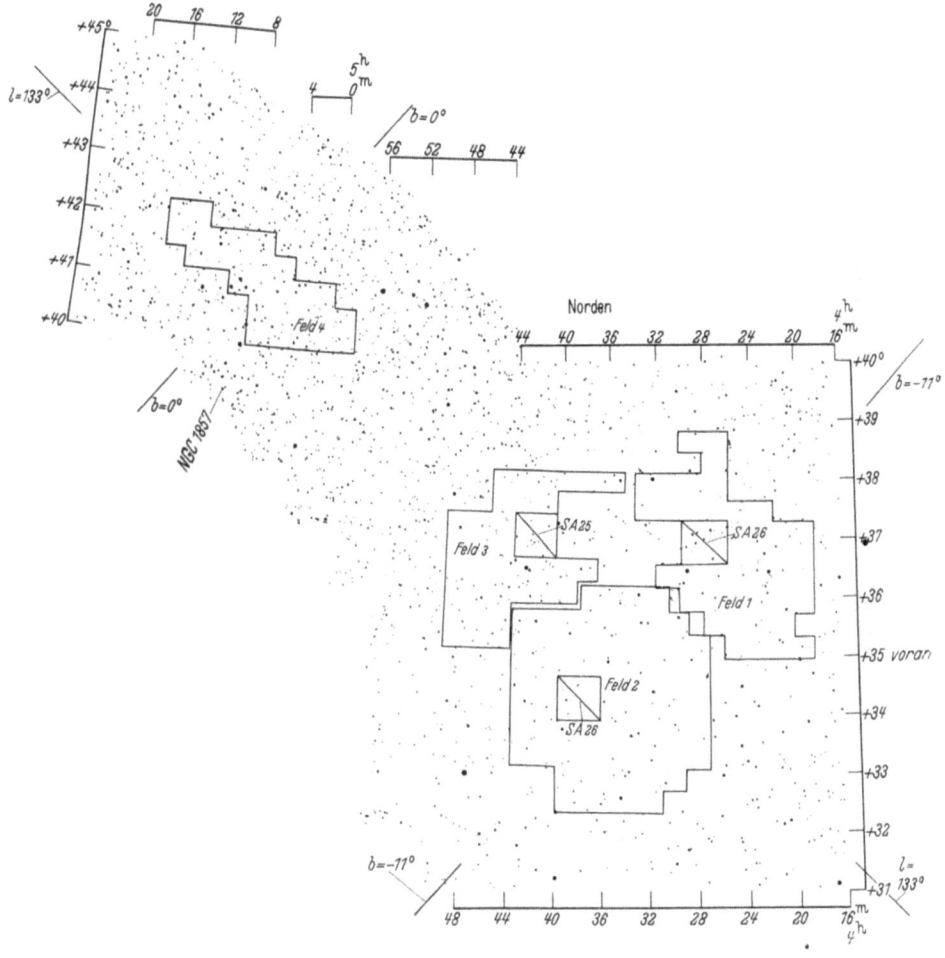

Abb. 2. Lage der vier Felder zueinander (Pause aus der B. D.).

in der Sternverteilung. Später (Abschnitt 11) wird gezeigt werden, wie dieser Unterschied, der sich in einem Abfall der Sternzahlen nach galaktischer Breite äußert, berücksichtigt wird. Das Zentrum des Feldes 4 hat die genäherten Koordinaten: $\alpha = 5^h 6^m$, $\delta = + 41^0$ (1855); $l = 133^0$, $b = 0^0$

(1900). Ein genaues Bild der Lage des Dunkelfeldes und Vergleichsgebietes bezüglich der äquatorealen bzw. galaktischen Koordinaten und der Flächendichte der Sterne der Bonner Durchmusterung (B. D.) gibt Abb. 2 (Pause nach dem Atlas der B. D.). Schon der Augenschein bestätigt die im Vergleich zu der Gegend des Feldes 4 geringe Sternzahl im Dunkelgebiet (über die Unterteilung dieses Feldes in drei kleinere Gebiete siehe Abschnitt 10).

2. *Instrument.* Als Beobachtungsinstrument diente die Doppelmontierung in der Ostkuppel des Astrophysikalischen Observatoriums in Potsdam[1]), dessen U.V-Triplett von Zeiss-Jena bei einer Brennweite von 1,50 m einen Objektivdurchmesser von 15 cm besitzt (1 : 10). Das visuellkorrigierte Zeiss Triplett (Fliegerobjektiv) hat bei einer Brennweite von 1,20 m einen Objektivdurchmesser von 17 cm (1 : 7). Der Plattenmaßstab beträgt für das ph-Rohr: $1^0 = 26$ mm, bzw. $1^0 = 21,6$ mm für das vis-Rohr. Sämtliche Aufnahmen wurden fokal auf 16×16 cm-Platten gewonnen. Da der Fokus temperaturabhängig ist, wurde diese Beziehung vorher mittels Fokusaufnahmen für beide Rohre genau bestimmt.

Da Farbenindizes abgeleitet werden sollten, mußte eine Platten-Filter-Kombination gewählt werden, die in Verbindung mit beiden Objektiven möglichst gut definierte Spektralbereiche liefert. Für das ph-Triplett wurde die Agfa-Astro-Platte in der Kombination mit dem Schottschen Blaufilter BG 3 gewählt. Für das vis-Triplett wurde in Verbindung mit dem Schottschen Gelbfilter GG 11 zuerst die Agfa-Superpan- und später die von der Agfa aus ihr entwickelte Isopan-ISS-Platte verwandt. Die Empfindlichkeit der Superpan-Platte hat nach Stobbe [2]) ein ausgeprägtes Maximum bei 6700 Å; von da ab fällt sie ziemlich steil nach dem Ultraroten zu ab. Nach dem langwelligen Teil des Spektrums sinkt die Empfindlichkeit von 6700 bis 5100 (Grünlücke) relativ flach ab. Der Empfindlichkeitsschwerpunkt in dem Gebiet zwischen 5100 und 6700 liegt etwa bei 6300. Für die Kombination mit dem Gelbfilter interessiert lediglich dieser Bereich, da das Filter bei 5000 das Spektrum sehr scharf abschneidet und nach dem langwelligen Teil bis zur Empfindlichkeitsgrenze der Platte ($\sim$ 6800) konstante Durchlässigkeit hat. Die an die Stelle der Superpan-Platte getretene Isopan-ISS-Platte hat Stobbe unter der damaligen Versuchsbezeichnung der Agfa: Pan 1494 ebenfalls in seiner Arbeit (l. c.) untersucht, mit dem Ergebnis, daß die neue Emulsion wesentlich empfindlicher als die

---

[1]) W. Herrmann, ZS. f. Instrkde 53. Jahrg., S. 30, 1933. — [2]) J. Stobbe, Astr. Nachr. **251**, 1, 1934.

Superpan-Platte ist; die Grünlücke ist schwächer betont; jedoch reicht ihre Empfindlichkeit nicht soweit ins langwellige Gebiet: das ausgeprägte Maximum liegt unmittelbar vor $H\alpha$, die Empfindlichkeit fällt sodann sehr steil ab. Auf Objektivprismen-Spektren, die mit dem vis-Triplett in Verbindung mit einem $7\overset{\circ}{.}5$-Prisma gewonnen wurden, ist für einen A-Stern $H\alpha$ gerade noch wahrnehmbar.

Auf die Farbenempfindlichkeit der gesamten Apparatur wird in Abschnitt 5 näher eingegangen werden.

3. Aufnahmen. Als Grundlage für die später folgende Auszählung nach Größenklassen und für die Begrenzung des Dunkelfeldes dienten die photographischen Helligkeiten. Das Dunkelfeld wurde auf drei sich zum Teil überdeckenden Platten aufgenommen. Dies hat überdies den Vorteil, daß für die den drei Platten gemeinsamen Sterne drei Helligkeitswerte vorhanden sind, die eine Beurteilung der Genauigkeit der abgeleiteten Größenklassen gestatten. Das Feld 4 wurde durch eine Platte erfaßt. Es wurden zwei Serien von Aufnahmen gewonnen: a) langbelichtete Aufnahmen (1^h) und b) kurzbelichtete Aufnahmen (12^m, 4^m, 1^m, 10^s); diese dienten zur Ableitung der Nullpunkte der beiden photometrischen Systeme, sowie zur Untersuchung der Farbengleichung des Instrumentes. Da, wie eine spezielle Untersuchung des Blaufilters ergab, dieses etwa $0\overset{m}{.}8$ absorbiert, wurden die 1^h-Aufnahmen ohne das Filter hergestellt. Der dadurch infolge der kleinen Verschiebung der isophoten Wellenlänge mitgenommene systematische Fehler ist sehr klein (siehe Abschnitt 5), während der Gewinn von fast 1^m in der Reichweite der ph-Helligkeiten sehr wertvoll ist.

Als Standardfelder wurden für die langbelichteten Platten die „selected areas" 25 und 26 der 45⁰-Zone von J. A. Parkhurst[1]) benutzt. Der Katalog enthält photographische bzw. photovisuelle Helligkeiten etwa bis zur 14. Größe (ph). Alle Größenklassen sind im internationalen System gegeben. Mit Hilfe des Mt. Wilson-Kataloges[2]) der ph-Helligkeiten der S. A.-Sterne ergab sich die Möglichkeit eines direkten Vergleichs der ph-Helligkeiten (Yerkes). Für das S. A. 25 ergab sich eine sehr gute Übereinstimmung beider Helligkeitssysteme (siehe Abb. 3a, in der die Yerkes-Helligkeiten gegen die entsprechenden Mt. Wilson-Werte aufgetragen sind). Für die helleren Sterne ist vielleicht eine geringe Helligkeitsgleichung angedeutet, doch ist die Zahl der Sterne (3) zu gering, um sie zu verbürgen. In Abb. 3b sind die Verhältnisse für Feld 26 dargestellt. Es ist eine geringe Helligkeits-

---

[1]) J. A. Parkhurst, Yerkes Publ. **4**, 1927. — [2]) Carnegie Inst. Wash. Publ. **402**, 1930.

gleichung vorhanden, in dem Sinne, daß die Mt. Wilson-Helligkeiten ab $13^m\!,0$ etwas zu hell oder die Yerkes-Größenklassen zu schwach sind. Von einer Korrektion wurde abgesehen, da die Beziehung zwischen Schätzungen und Größenklassen (siehe unten) einen sehr glatten Verlauf zeigt. Im übrigen scheint es nicht gerechtfertigt, in einem in sich geschlossenen photometrischen System eine Reihe zu korrigieren, die andere jedoch als richtig anzusprechen.

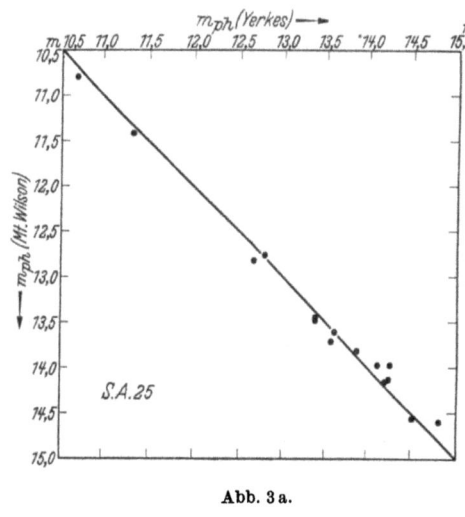

Abb. 3a.

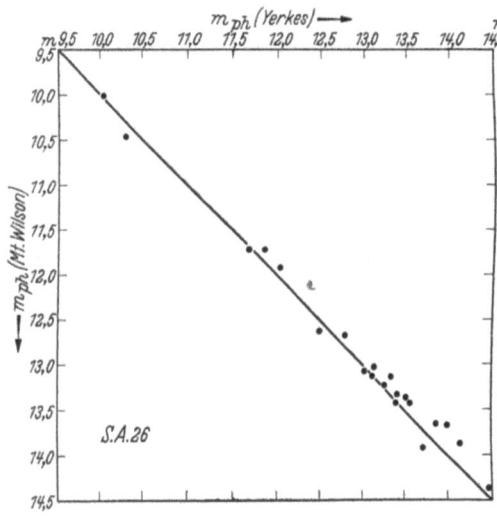

Abb. 3b.
Abb. 3a, b. Beziehungen der Yerkes- und Mt. Wilson-ph-Größen zueinander.

Für die phvis-Yerkes-Helligkeiten ergab sich die Möglichkeit einer Kontrolle mit Hilfe der Spektren, die für eine größere Anzahl von Sternen in den Feldern 25 und 26 bekannt sind[1]). Mittels dieser Spektren und der von SCHNELLER[2]) gegebenen mittleren Beziehung zwischen Farbenindizes und Spektren konnten in Verbindung mit den ph-Mt. Wilson-Helligkeiten neue vis-Helligkeiten abgeleitet und mit den Yerkes-Größenklassen verglichen werden. Die Beziehungen zeigen für beide Felder einen erheblichen Nullpunktsfehler und eine geringe Hellig-

---

[1]) M. L. HUMASON, A. P. J. **76**, 224, 1932. — [2]) H. SCHNELLER, Astr. Nachr. **249**, 243, 1933.

keitsgleichung. Eine direkte Darstellung der Yerkes-Farbenindizes als Funktion der Spektraltypen ergibt eine große Unsicherheit der Beziehungen (erhebliche Streuung und Nullpunktsfehler!), so daß es nicht ratsam erschien, die phvis-Größenklassen des Parkhurst-Kataloges zu verwerten. Deshalb wurden die Aufnahmen mit der Polsequenz als Standardfeld wiederholt, während die ph-Platten bereits in Bearbeitung waren.

Die Helligkeiten der Polsequenz wurden dem Standardkatalog von SEARES[1]) entnommen. Dieser enthält die zur Zeit bestbekannten photographischen und photovisuellen Helligkeiten und somit Farbenindizes ausgesuchter Sterne um den Nordpol bis zur 19. Größe (ph bis zur 20^m). Alle photometrischen Systeme lassen sich somit bei bekanntem Farbenindex auf die internationale Polsequenz reduzieren und vergleichen. Unter diesem Gesichtspunkt scheint eine Arbeit von SEARES[2]) der Beachtung wert. SEARES schließt aus einer Diskussion von Farbenindizes und Spektraltypen auf eine selektive Absorption in der Polgegend von etwa $0^m_{\cdot}1$. Sollte sich dieser Befund bestätigen — SEARES will den Gegenstand weiter verfolgen —, dann müßte das Ergebnis in Zukunft in Rechnung zu setzen sein (siehe auch Abschnitt 9).

4. Anschluß an die Standardfelder. Um die Standardhelligkeiten auf die Feldsterne zu übertragen, wurde das Schätzverfahren benutzt, das für statistische Zwecke vollkommen ausreichend ist, bei einiger Übung große Konstanz der Messung gewährleistet und rasches Arbeiten gestattet. Die Sterne wurden in eine Skala (ein Folge von etwa 15 Sternbildern) „dem allgemeinen Eindruck" nach eingeschätzt, wobei noch drei Zwischenstufen wahrgenommen werden konnten. Die Skalensterne unterschieden sich um den konstanten Betrag von $0^m_{\cdot}25$. Bei den helleren Sternen gestaltete sich das Messen schwieriger, da dort nurmehr der Durchmesser der Bilder geschätzt wurde, während das Auge bei sehr schwachen Sternen mehr die Dichte der Schwärzung beurteilte. Über die Konstanz in der Auffassung während des Schätzens läßt sich Folgendes sagen: Am Anfang, in der Mitte und am Schluß der Messung einer Platte wurde das entsprechende Standardfeld geschätzt. Bei keiner der Platten zeigte sich ein systematischer Gang mit der Zeit. Die Abweichungen der Einzelwerte vom Mittel der Messungen waren also als zufällige Fehler anzusehen. Der mittlere Fehler einer Schätzung wurde für mehrere Platten zu $\pm\,0{,}2$ Skalenteilen bestimmt.

Die aus den Einzelwerten gebildeten Mittelwerte der Schätzungen der Standardsterne wurden graphisch gegen die zugehörigen ph- bzw. phvis-

---

[1]) F. H. SEARES, Transact. I. A. U. **71**, 1922. — [2]) F. H. SEARES, Proc. of the Nat. Acad. of Sc. **22**, 6, 327, 1936.

Helligkeiten dargestellt. Ehe jedoch aus diesen Beziehungen die Helligkeiten der Feldsterne abgeleitet werden konnten, mußte erst die Farbengleichung des Beobachtungsinstruments genau untersucht werden.

5. Die Farbengleichung. Bei der Darstellung der eben erwähnten Beziehungen zeigte es sich, daß für die ph- als auch die phvis-Platten die roten Sterne systematisch herausfielen. In Abb. 4 ist je ein Beispiel für die ph-Kurve (a) und die phvis-Kurve (b) gegeben (12^m und 1^m-Polbelichtungen).

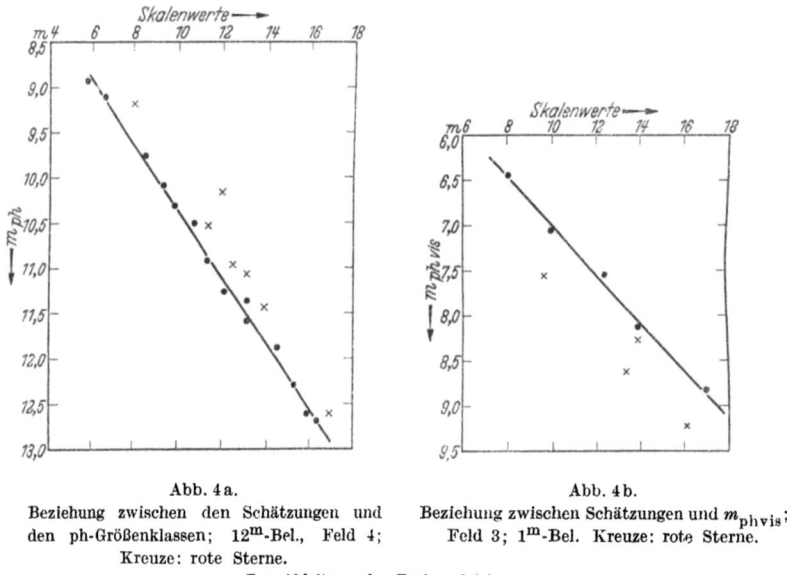

Abb. 4a.
Beziehung zwischen den Schätzungen und den ph-Größenklassen; 12^m-Bel., Feld 4; Kreuze: rote Sterne.

Abb. 4b.
Beziehung zwischen Schätzungen und m_{phvis}; Feld 3; 1^m-Bel. Kreuze: rote Sterne.

Zur Ableitung der Farbengleichung.

Die Abweichungen liegen in dem Sinne, daß die ph-Helligkeiten der roten Sterne zu hell bzw. deren phvis-Größen zu schwach gemessen wurden. Dieser Effekt zeigte sich bei allen phvis-Platten, während die ph-Platten ihn in ausgeprägtem Maße nur für Sterne der Polsequenz wiedergaben. Zur eindeutigen Festlegung der ph-Farbengleichung wurden die kurzbelichteten Polaufnahmen und für die der phvis-Farbengleichung außerdem noch die 1^h-Belichtungen herangezogen. Da definitionsgemäß der Farbenindex eines A0-Sterns in zwei beliebigen photometrischen Systemen gleich 0 ist, werden nur die ph- und phvis-Schwärzungskurven (als solche werden der Kürze halber die Beziehungen zwischen Schätzungen und Größenklassen bezeichnet), zu deren Konstruktion lediglich die Helligkeiten der A0-Sterne herangezogen wurden, einwandfreie (d. h. von einer Farbengleichung unabhängige), für A0-Sterne gültige Kurven liefern.

a) ph-Farbengleichung. Für jede der 16 kurzbelichteten Schwärzungskurven, die durch die Punkte der Sterne mit einem F. I. $\leqq \sim 0^m\!\!,4$ gelegt wurden, sind die Differenzen Δm aller Punkte gegen die Bezugskurven gebildet und tabuliert worden[1]). Die Δm wurden für Farbenindexbereiche gemittelt, während für die mittleren F. I. dieser Bereiche die gewichteten Mittel der in diesem Intervall liegenden individuellen F. I. genommen wurden (Gewicht $= \Sigma n = $ Anzahl der für jeden Farbenindexbereich vorhandenen Δm). Um einen Überblick über den Einfluß des Blaufilters auf die ph-Farbengleichung zu gewinnen, wurde diese für die kurzbelichtete Platte des Feldes 1 (ohne Filter) zuerst gesondert behandelt, während die drei übrigen Platten (12 Schwärzungskurven) zusammen reduziert wurden. Abb. 5 gibt die entsprechenden Beziehungen zwischen den Δm und den zugehörigen mittleren F. I. wieder (a: ph ohne Filter; b: ph + Filter).

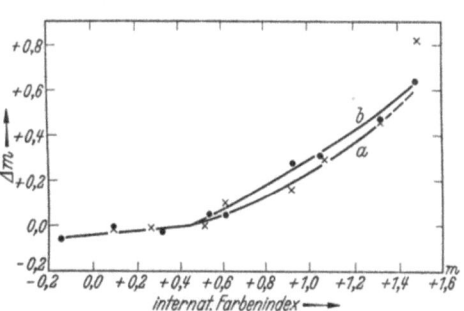

Abb. 5. Beziehung zwischen den Δm und dem internat. F. I.
× × ph ohne Blaufilter; ● ● ph mit Blaufilter.

Die Abbildung zeigt eine sehr ausgeprägte Farbengleichung für die Sterne, deren F. I. $> \sim 0^m\!\!,3$ sind; dies ist auch zu erwarten, da als mittlere

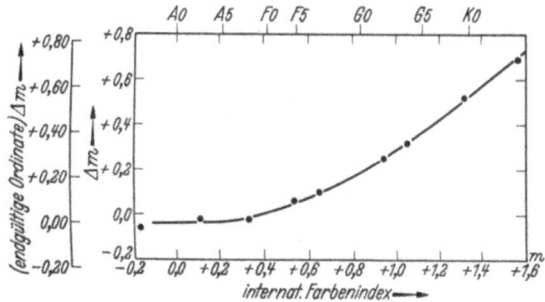

Abb. 6. Darstellung der Tabelle 1; *endgültige ph-Farbengleichung*.

Bezugskurven die durch alle Sterne mit F. I. $< \sim 0^m\!\!,4$ gelegten Kurven benutzt wurden. Die Kombination: ph-Triplett + Astroplatte ohne Filter zeigt eine nur wenig geringere Farbengleichung als die Kombination mit

---

[1]) Siehe auch WALLENQUIST, Upsala Meddel. **65**, 11, 1936.

Filter. Wesentlich erscheint, daß die Neigung für beide Kurven denselben Wert besitzt. Da aus den oben genannten Gründen (siehe Abschnitt 3) die langbelichteten Aufnahmen ohne das Blaufilter gewonnen wurden, schien es angebracht, a und b zusammenzufassen; eine erneute Reduktion ergab das folgende Ergebnis, das in Tabelle 1 bzw. Abb. 6 wiedergegeben ist. Da die Farbengleichung für A0-Sterne gleich 0 sein muß, wurde der innere Ordinatenmaßstab um 0,04 Größenklassen nach unten zu verschoben, so daß nunmehr für A0-Sterne die Kurve in der Abszisse (F. I.-Achse) verläuft (siehe äußere Ordinate!). Der Grund für die zuerst (innere Ordinate) negative Farbengleichung der A0-Sterne ist wohl darin zu sehen, daß, durch die Auswahl der Sterne bedingt, der mittlere Farbenindex der Bezugskurven nicht gleich $0^m\!\!,00$, sondern $= + 0^m\!\!,23 \pm 0^m\!\!,005$ ist, so daß für A0-Sterne eine negative F. Gl. zu erwarten ist.

Tabelle 1.

F. I.-Bereich		$\overline{F.\,I.}$	Δm $m_{ph\ Potsdam} - m_{ph\ int}$	$\Sigma\,n$	Bemerkungen
von:	bis:				
$-0^m\!\!,20$	$-0^m\!\!,01$	$-0^m\!\!,17$	$-0^m\!\!,06$	1	
$+0,00$	$+0,19$	$+0,11$	$-0,02$	66	
$0,20$	$0,39$	$0,33$	$-0,02$	72	
$0,40$	$0,59$	$0,53$	$+0,06$	37	
$0,60$	$0,79$	$0,64$	$+0,10$	8	
$0,80$	$0,99$	$0,94$	$+0,25$	24	
$1,00$	$1,19$	$1,05$	$+0,32$	23	
$1,20$	$1,39$	$1,32$	$+0,52$	16	
$1,40$	$1,59$	$1,53$	$+0,81$	6	
$1,60$	$1,79$	$1,61$	$+0,54$	5	
$(1,40$	$1,79$	$1,57$	$+0,69$	11)	gew. Mittel für $1^m\!\!,40 - 1^m\!\!,79$

$$\Sigma\Sigma n = 258$$

b) phvis-Farbengleichung. Diese erwies sich als für kleine Farbenindizes empfindlicher als die ph-Farbengleichung, deshalb wurde die Untersuchung wie folgt unterteilt: 1. 1^m-, 4^m- und 2. 12^m-, 1^h-Belichtungen; denn nur unter den helleren Sternen der Polsequenz befinden sich genügend Sterne mit kleinen F. I., so daß also nur für diese mittlere A0-Schwärzungskurven konstruiert werden konnten (diese Sterne wurden gerade durch die 1_m- und 4_m-Belichtungen erfaßt). Für die Aufstellung der A0-Beziehungen wurde folgendes Näherungsverfahren eingeschlagen (siehe Abb. 7, die als Beispiel die Beziehung zwischen den Schätzungen und phvis-Größen für eine 1^m-Belichtung wiedergibt): Durch die Punkte, die Sternen mit Farbenindizes $< 0{^m_{\cdot}}20$ entsprechen, wurde eine mittlere Kurve gelegt, ebenso durch die der roten Sterne (F. I. $> 0{^m_{\cdot}}9$) (a bzw. b); a entspricht einem $\overline{\text{F.I.}} = + 0{^m_{\cdot}}04$, b einem $\overline{\text{F.I.}} = + 1{^m_{\cdot}}28$. Für einen Stern mit einem F. I. $= 1{^m_{\cdot}}24$ ($1{^m_{\cdot}}28 - 0{^m_{\cdot}}04$) würde man aus der A0-Kurve eine um $0{^m_{\cdot}}6$ zu große phvis-Helligkeit erhalten; dementsprechend würde der Potsdamer Farbenindex (wenn die angenommene ph-Helligkeit richtig ist) $1{^m_{\cdot}}24 + 0{^m_{\cdot}}6 = 1{^m_{\cdot}}84$ betragen. Einem F. I.$_{\text{Potsdam}} = 1{^m_{\cdot}}0$ entspricht also ein F. I.$_{\text{int}} = 0{^m_{\cdot}}68$, oder allgemein: F. I.$_{\text{int}} = 0{^m_{\cdot}}7 \cdot$ F. I.$_{\text{Potsdam}}$. Mittels mehrerer Schwärzungskurven wurde dieser Reduktionsfaktor zu $0{,}70 \pm 0{,}1$ bestimmt (streng genommen gilt diese Betrachtung nur für lineare Kurven).

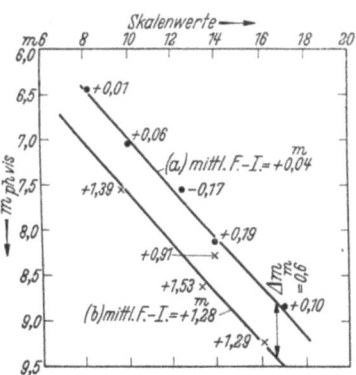

Abb. 7. Beziehung zwischen Schätzungen und den entsprechenden phvis-Größenklassen. 1^{h}-Bel., Feld 2; die Zahlen an den Punkten bedeuten die internat. F. I.

Der nächste Schritt bestand in der Konstruktion der mittleren Bezugskurven für die 4^m- und 1^m-Belichtungen einerseits und die 12^m- und 1^h-Aufnahmen andererseits. 1. Mit Hilfe des Faktors 0,7 wurden sämtliche Sterne mit einem F. I. $< 0{^m_{\cdot}}3$ auf eine Schwärzungskurve, die dem F. I. $= + 0{^m_{\cdot}}04$ entspricht, wie folgt reduziert: F. I.$_{\text{int}} = f \cdot$ (F. I.$_{\text{int}} + \Delta m$); $f = 0{,}70$; da die Bezugskurve dem F. I. $= + 0{^m_{\cdot}}04$ zugrunde gelegt werden sollte, war der Ausdruck wie folgt zu schreiben: F. I.$_{\text{int}} - 0{,}04 = 0{,}70$ (F. I.$_{\text{int}} - 0{,}04 + \Delta m$); also:

$$\Delta m = \frac{\text{F. I.}_{\text{int}} - 0{,}04}{0{,}70} - (\text{F. I.}_{\text{int}} - 0{,}04); \quad \Delta m \lessgtr 0 \text{ für F. I.} \gtrless 0^m.$$

Diese Art der Reduktion gewährleistete ein besseres Zeichnen der Bezugskurven, da wesentlich mehr Sterne dazu herangezogen werden konnten, als nur die mit sehr kleinem F. I. Für sechs derartige Kurven wurden die Δm aller Meßpunkte (also der nicht reduzierten Werte) gegen die Bezugskurven gebildet und nach F. I.-Bereichen (siehe Schema der Tabelle 1) gewichtet gemittelt.

2. 1^h- und 12^m-Belichtungen: Mittels dieser Platten wurden in der Hauptsache schwächere Polsterne (9^m-13^m ph) erfaßt. Diese sind durchschnittlich röter als die helleren Sterne, so daß sich für den mittleren Farbenindex der Bezugskurven mit geringen Schwankungen $+ 0{^m_{\cdot}}4$ ergab. Da

für diese Belichtungszeiten genügend Sterne mit diesem F. I. in allen Fällen vorhanden waren, wurden nur bei schwächeren Helligkeiten, wo solche fehlten, Sterne mit einem F. I. < $0^m\!,64$ mittels der Reduktionsformel

$$\Delta m = \frac{\text{F. I.}_{\text{int}} - \overline{\text{F. I.}}}{0{,}70} - (\text{F. I.}_{\text{int}} - \overline{\text{F. I.}})$$

auf den mittleren Farbenindex der jeweiligen Bezugskurve reduziert.

Für das gewichtete Mittel der mittleren Farbenindizes der dazu benutzten acht Kurven ergab sich der Wert $+ 0^m\!,38 \pm 0^m\!,005$. Wie üblich, wurden nunmehr die Differenzen Δm gebildet und nach F. I.-Bereichen gemittelt.

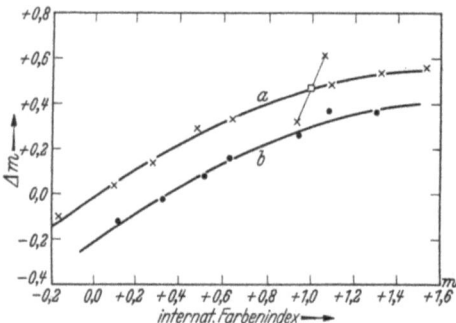

Abb. 8a. Darstellung der phvis-Farbengleichung.
●● 1^h- und 12^m-Bel.; × × 4^m- und 1^m-Bel.;
□: Mittelwert der beiden herausfallenden Werte.

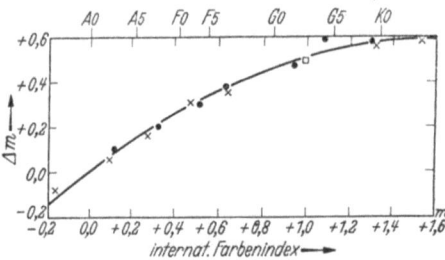

Abb. 8b. *Endgültige phvis-Farbengleichung.*
Die Bedeutung der ● × □ wie in Abb. 8a.

Beide Ergebnisse (1^m-, 4^m- u. 12^m-, 1^h-Belichtungen) sind in Abb. 8a graphisch dargestellt. Der Maßstab ist derselbe wie in Abb. 6. Es ist demnach für das phvis-Instrument eine erhebliche Farbengleichung vorhanden. Die Kurve für die 1^m- und 4^m-Platten geht bei dem $\overline{\text{F. I.}} + 0^m\!,04$ durch die Abszisse, wie auch zu erwarten, da $+ 0^m\!,04$ als $\overline{\text{F. I.}}$ der Bezugskurven gewählt war, während die Beziehung für die 1^h- und 12^m-Platten die Abszisse bei $+ 0^m\!,36$ schneidet, auch in guter Übereinstimmung mit der Voraussetzung, daß im Mittel die Sterne mit dem $\overline{\text{F. I.}} = + 0^m\!,38$ die Farbengleichung Null haben sollten. Es bleibt nur noch übrig, die Kurve a um $0^m\!,02$ bzw. b um $0^m\!,22$ zu heben und beide zusammenzufassen (siehe Abb. 8b); diese gibt die endgültige phvis-Farbengleichung in bezug auf A0-Sterne wieder. Die Punkte fügen sich allgemein recht gut einer mittleren Kurve ein (bis auf zwei um $\sim \pm 0^m\!,1$ herausfallende Werte, deren Mittelwert jedoch keine merkliche Abweichung zeigt).

Es ist noch folgendes zu bemerken. 1. Die Sterne der Superpanplatte fügen sich gut in die Farbengleichung ein, so daß, wie schon in Abschnitt 2 erwähnt wurde, die Empfindlichkeitsfunktion sich in dem hier benutzten Spektralbereich nicht merklich von der der Isopan ISS-Platte unterscheidet. 2. Wie alle Schwärzungskurven im einzelnen zeigten, besteht keine Abhängigkeit der Farbengleichung von der scheinbaren Helligkeit.

Aus den Abb. 6 und 8b lassen sich für jeden internationalen Farbenindex die zu dem ph- bzw. phvis-Instrument gehörigen Farbengleichungen (Δm) ablesen. Führt man dies für einige äquidistante Intervalle des F. I.$_{\text{int}}$ durch, dann ergibt sich folgende Tabelle 2, deren 1. Spalte den internationalen F. I., und deren 2. und 3. Spalte die ph-Δm bzw. phvis-Δm wiedergeben.

Da die Farbengleichung die den A 0-Schwärzungskurven entnommenen ph-Helligkeiten schwächer bzw. die phvis-Größenklassen heller macht, ergibt sich folgende einfache Beziehung:

F. I.$_{\text{int}} = m_{\text{ph}} - m_{\text{phvis}}$;

F. I.$_{\text{Potsdam}} = m_{\text{ph}} + \Delta m_{\text{ph}}$
$- (m_{\text{phvis}} - \Delta m_{\text{phvis}})$
$= $ F. I.$_{\text{int}} + \Delta m_{\text{ph}} + \Delta m_{\text{phvis}}$,

woraus sich die 4. Spalte der Tabelle 2 ergibt, deren graphisches Bild in Abb. 9

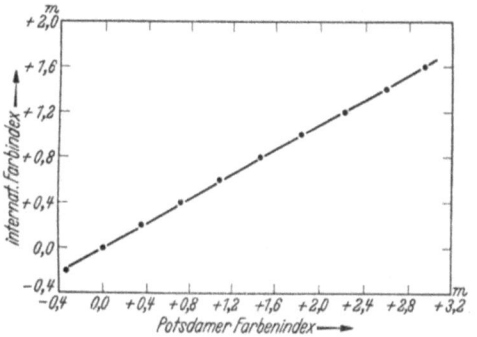

Abb. 9. Beziehung zwischen *internat. F. I.* und *Potsdam. F. I.*, siehe Tabelle 2, Spalten 1 und 4, F. I.$_{\text{int}} = 0{,}54 \times$ F. I.$_{\text{Potsdam}}$.

wiedergegeben ist (Ordinate: F. I.$_{\text{int}}$, Abszisse: F. I.$_{\text{Potsdam}}$). Faßt man die Beziehung als linear auf, dann ergibt sich:

F. I.$_{\text{int}} = a + b \cdot$ F. I.$_{\text{Potsdam}}$; $a = 0$, $b = 0{,}54$;

also F. I.$_{\text{int}} = 0{,}54 \cdot$ F. I.$_{\text{Potsdam}}$.

Tabelle 2.

F. I.$_{\text{int}}$	Δm_{ph}	Δm_{phvis}	F. I.$_{\text{Potsdam}}$
$-0^{\text{m}}{,}20$	$0^{\text{m}}{,}00$	$-0^{\text{m}}{,}14$	$-0^{\text{m}}{,}34$
$0{,}00$	$0{,}00$	$0{,}00$	$0{,}00$
$+0{,}20$	$+0{,}02$	$+0{,}13$	$+0{,}35$
$0{,}40$	$0{,}06$	$0{,}25$	$0{,}71$
$0{,}60$	$0{,}12$	$0{,}35$	$1{,}07$
$0{,}80$	$0{,}21$	$0{,}42$	$1{,}45$
$1{,}00$	$0{,}33$	$0{,}50$	$1{,}83$
$1{,}20$	$0{,}46$	$0{,}55$	$2{,}21$
$1{,}40$	$0{,}61$	$0{,}58$	$2{,}59$
$1{,}60$	$0{,}76$	$0{,}59$	$2{,}95$

Die Farbengleichung ist also ihrem Betrag nach sehr groß und bewirkt, daß die Farbenindexamplitude mit dem Potsdamer Instrument fast doppelt so groß wird als im internationalen System.

Zur Festlegung der wirksamen Wellenlängen des ph- bzw. phvis-Systems wurden zwei Wege eingeschlagen. 1. Mittels Objektivprismen-Spektren und deren Registrierkurven wurden die isophoten Wellenlängen für beide Rohre zu 4170 (ph + Filter) bzw. 4300 (ohne Blaufilter) und 5800 abgeschätzt. Als Stütze dienten dabei die Empfindlichkeitsfunktionen der Platten von STOBBE (l. c.) und die Filterdurchlässigkeiten nach SCHOTT. 2. Diese Werte wurden, wie folgt, kontrolliert. Mit dem Instrument (ph + Filter + Astroplatte, phvis + Filter + Isopanplatte) wurden folgende Sterne des Göttinger Temperaturprogramms, deren relativen Gradienten von Herrn Prof. KIENLE freundlichst zur Verfügung gestellt wurden, aufgenommen: ε Persei (B1), β Tauri (B 9), β Aur. (A 1), α Cephei (A 2), β Cass (F 2) und α Cass (G 8), und zwar mit mehreren, aber für jeden Stern konstanten Belichtungszeiten. Die Sternbilder wurden lichtelektrisch ausgemessen. Mit Hilfe der für die genähert bekannten λ_i (4170 und 5800) gültigen, den Göttinger Gradienten entnommenen monochromatischen Helligkeiten konnten für beide photometrischen Systeme Schwärzungskurven aufgestellt und diesen die Helligkeitsdifferenzen je zweier Sterne, deren Gradienten möglichst verschieden verlaufen müssen, entnommen werden. Mittels dieser Δm wurden aus den Gradienten sofort die zugehörigen λ_i-Werte abgelesen [siehe auch O. HECKMANN [1]) und A. BRILL [2]), der in seinen spektralphotometrischen Untersuchungen die Methode bereits 1923 entwickelt hat]. Um eine Verfälschung durch die H-Absorption tunlichst zu vermeiden, wurden bei der Reduktion der isophoten Wellenlänge für das ph-System die A-Sterne ausgeschlossen, während zur Ableitung des phvis-Wertes alle geeigneten Sternpaare, deren Gradientendifferenzen genügend groß sind, herangezogen wurden. Die Methode ist, da eine von vornherein absolut richtige Schwärzungskurve nicht vorgegeben war, in diesem Falle als Näherungsverfahren anzusehen, das so oft wiederholt werden mußte, bis eine Änderung der sich ergebenden Wellenlängen nicht mehr eintrat. Im vorliegenden Fall genügte bereits die zweite Wiederholung. Für das ph-System ergab sich 4160 ± 76 Å, und für das phvis-System 5800 ± 77 Å. Eine Abhängigkeit der λ_i vom Spektraltyp trat nicht meßbar in Erscheinung, wie auch zu erwarten, da die sich ergebenden λ_i für das Mittel der Spektraltypen der jeweiligen Sternpaare gelten. Da die Δm gegen

---

[1]) O. HECKMANN. Veröff. d. Univ.-Sternw. Göttingen **53**, 1937. —
[2]) A. BRILL, Astr. Nachr. 5222—5223, 5234, 5254.

α Cass am häufigsten, weil wegen der Steilheit des Gradienten (G 8-Typ) am genauesten, benutzt wurden, gelten die Werte 4160 bzw. 5800 demnach etwa für das Mittel zwischen B- und K-Sternen. Die angegebenen Fehlergrenzen enthalten also außer den zufälligen Fehlern noch die Abhängigkeit der wirksamen Wellenlänge vom Spektraltypus. Das der Energieverteilung der Spektren entnommene Ergebnis erschien also bestätigt; es ist jedoch zu beachten, daß sich infolge der Kombination der ph-1^h-Helligkeiten (ohne Blaufilter) mit den ph-kurzbel. Größenklassen (mit Blaufilter) der mittlere Wert der wirksamen ph-Wellenlänge etwas in Richtung längerer Wellenlängen verschiebt.

Um nunmehr die Farbengleichung des Systems mit den international gültigen Wellenlängen und deren Farbenindexamplitude in Verbindung zu bringen, wurde unter Voraussetzung schwarzer Strahlung die Formel:

$$\frac{F.I._{int}}{F.I._{Potsdam}} = \frac{\left(\frac{1}{\lambda_{blau}} - \frac{1}{\lambda_{rot}}\right)_{int}}{\left(\frac{1}{\lambda_{blau}} - \frac{1}{\lambda_{rot}}\right)_{Potsdam}}$$

in Anwendung gebracht[1]). Wie mir Herr Prof. SEARES freundlicherweise mitteilte, liegen die isophoten Wellenlängen des internationalen Systems für F-Sterne genähert bei 4320 bzw. 5400 Å. Setzt man diese Werte und die oben erhaltenen (4160 bzw. 5800) in die Formel ein, dann ergibt die rechte Seite der Gleichung 0,7, während der abgeleiteten Farbengleichung zufolge die linke Seite den Wert 0,54 liefert. Man kann unter der gemachten Voraussetzung demnach zumindest sagen, daß beide Ergebnisse (Farbengleichung und die Lage der λ_i) zwar nicht gut übereinstimmen, aber auch nicht in Widerspruch zueinander stehen[2]).

Da die vorliegende Untersuchung den Zweck verfolgt, außer der im ph-Gebiet gültigen Absorption auch eine etwa vorhandene Selektivität derselben nachzuweisen, wurden die Helligkeiten der Sterne nicht auf das internationale System reduziert, da eine Selektivität um so genauer abgeleitet werden kann, je größer die Farbenindexamplitude ist.

6. *Gesichtsfeldkorrektion*. Die Gesichtsfeldkorrektion wurde mittels Spiegelglasplatten für beide Rohre untersucht. Es zeigte sich, daß sie für das ph-Rohr meist kleiner als $0^m\!,02$ bis $0^m\!,03$, immer aber $< 0^m\!,04$ ist. Es bleibt fraglich, ob diese geringen Beträge als reell anzusehen sind, da sie

---

[1]) Siehe W. BECKER, ZS. f. Astrophys. 9, 95, 1934. — [2]) Die Fehlerquellen liegen in der unsicheren Bestimmung der λ_i und in der Abweichung von schwarzer Strahlung.

unterhalb der für die Schätzmethode gültigen Genauigkeit ($\sim 0\overset{m}{.}07$, siehe Abschnitt 8) liegen. Ein symmetrischer Randabfall ließ sich auch nicht andeutungsweise erkennen. Das Ergebnis für das phvis-Rohr läßt sich, wie folgt, beschreiben: Ein zum Plattenzentrum symmetrischer Randabfall war auch hier nicht nachweisbar; vielmehr zeigte sich die Gesichtsfeldkorrektion, falls sie überhaupt reell sein sollte, als von sehr verwickelter Natur (stets kleiner als $0\overset{m}{.}05$). Sie wurde jedoch nicht berücksichtigt, da sie 1. sich im Mittel für die Platte praktisch aufhebt, und 2. die Gefahr bestand, daß die infolge ihrer Kleinheit sehr unsicheren Werte (falls überhaupt reell) die phvis-Helligkeiten eher verschlechtert als verbessert hätten. Außerdem würden sie nur für Spiegelglasplatten Gültigkeit haben, für gewöhnliche Platten jedoch nur bedingt gelten, da Plattenkeilfehler und wechselnde Schichtdicke der Emulsion nicht berücksichtigt werden können. Die *dadurch* verursachten Fehler können in ungünstigen Fällen bis zu $0\overset{m}{.}1$ [1]) erreichen, sind also in der Größenordnung den hier gefundenen Beträgen sicher gleich, wenn nicht überlegen.

7. Extinktion. Um große Unterschiede in den Zenitdistanzen der Feld- bzw. Polaufnahmen von vornherein zu vermeiden, wurden sämtliche Feldaufnahmen in annähernd der gleichen Zenitdistanz gewonnen, wie die Standardfeldaufnahmen. Die noch verbleibenden Differenzen in den Zenitdistanzen und somit in der Extinktion wurden unter Zugrundelegung der Extinktionstafeln von G. MÜLLER[2]) berücksichtigt. Die Korrektionen hielten sich in durchaus kleinen Grenzen zwischen $0\overset{m}{.}00$ und $0\overset{m}{.}05$. Nur in einem Fall erreichten sie den Betrag $0\overset{m}{.}07$.

8. Die Ableitung der Helligkeiten. Mittels der in Abschnitt 5 abgeleiteten Farbengleichung konnten nunmehr die endgültigen Schwärzungskurven (= Beziehungen zwischen den Schätzungsmitteln und den zugehörigen Größenklassen) abgeleitet werden. Für die langbelichteten KAPTEYNschen Eichfelder erschien wegen der großen Unsicherheit der PARKHURSTschen Farbenindizes eine Anwendung der Farbengleichung nicht angebracht. Die direkte Darstellung der Schätzungen gegen die ph-Helligkeiten ergab in allen Fällen eine recht gute Beziehung (siehe Abb. 10; Kurve für Feld 1). Die eingetragenen Kreuze geben die dem Mt. Wilson-Katalog (l. c.) entnommenen Helligkeiten wieder (siehe Abschnitt 3). Für alle übrigen Platten, die den Pol als Standardfeld haben, wurden die Sterne der Polsequenz, entsprechend den Beziehungen der Abb. 6 und 8b, mittels

---

[1]) G. EBERHARD, Handbuch der Astrophysik II/2, 2. Teil, S. 459. —
[2]) G. MÜLLER, Die Photometrie der Gestirne **515**, 1897.

ihrer Farbenindizes auf A 0 reduziert, so daß alle Sterne zur Konstruktion der Schwärzungskurven herangezogen werden konnten. In Abb. 11 ist ein Beispiel wiedergegeben (Feld 2, phvis, 1^h-Bel.). Aus den ausgeglichenen Kurven wurden sodann für jedes Intervall der Skalenablesungen die zugehörigen Helligkeiten abgelesen, wegen Extinktion korrigiert und tabuliert; sämtliche Helligkeiten sind somit auf die Zenitdistanz 0^0 bezogen.

Um alle auf diese Art abgeleiteten ph- und phvis-Helligkeiten in einem System zu vereinigen, wurden die aus den kurzbelichteten Aufnahmen abgeleiteten Größenklassen untereinander und mit denen der 1^h-Aufnahmen verglichen.

Es schien zweckmäßig, alle Helligkeitssysteme auf das 12^m-System zu reduzieren und zu vereinigen. Die dazu notwendigen Korrektionen wurden den mittleren Beziehungen zwischen den Helligkeitssystemen entnommen.

Nachdem so für alle vier Felder die ph- und phvis-Helligkeiten abgeleitet

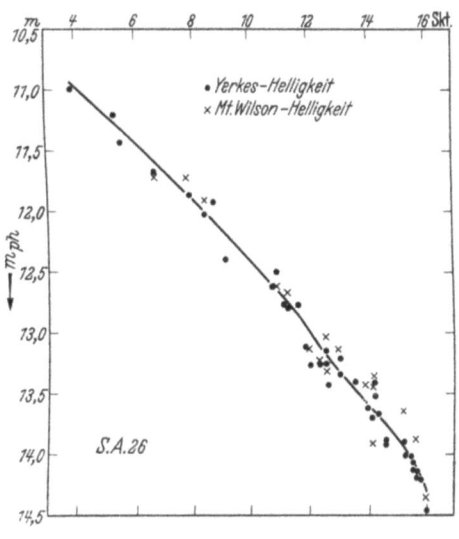

Abb. 10. Beziehung zwischen Schätzungen und Größenklassen. 1^h-Bel., Feld 1; ph.

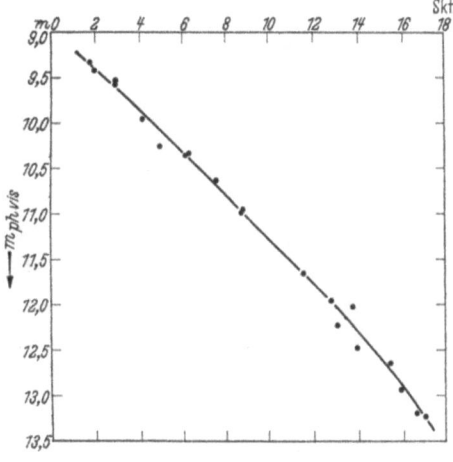

Abb. 11. 1^h-Bel., phvis., Feld 2. Auf A 0 red.

waren, blieb noch übrig, die Helligkeitssysteme der drei Dunkelfelder untereinander zu vergleichen. Zu diesem Zweck waren die Aufnahmen so angelegt worden, daß sich die drei Platten zum Teil überdecken, so daß allen Feldern gemeinsame Sterne zur Verfügung standen. Es wurden die

Helligkeiten der entsprechenden Sterne graphisch zueinander in Beziehung gesetzt. Diese Darstellungen zeigten eine gute Übereinstimmung der ph-Größenklassen der Felder 2 und 3, während die entsprechenden Sterne in Feld 1 systematisch zu hell waren. Für die phvis-Helligkeiten ergab sich eine gute Übereinstimmung für die Felder 1 und 2, während die Sterne des Feldes 3 systematisch zu hell erschienen. In Abb. 12 und 13 sind die Verhältnisse für die ph- bzw. phvis-Helligkeiten wiedergegeben. Für die

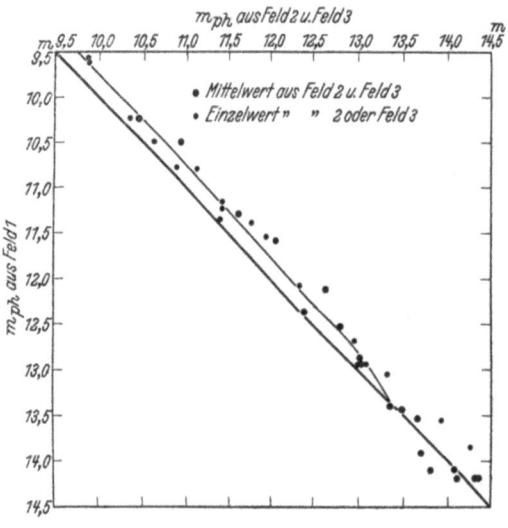

Abb. 12. Beziehung der ph-Helligkeiten der drei Dunkelfelder zueinander.

ph-Werte zeigt sich eine Nullpunktsverschiebung von $-0^m\!\!,25$, während Abb. 13 eine Helligkeitsgleichung wiedergibt. Es lassen sich diese Erscheinungen schwer begründen, da die Grundlagen der Helligkeiten für die drei Felder gleichwertig sind. Jedenfalls war es zur Vereinheitlichung der Systeme erforderlich, die Helligkeiten des Feldes 1 mittels der Beziehung in Abb. 12 auf das Mittel von Feld 2 und 3 und entsprechend Feld 3 nach Abb. 13 (phvis) auf das Mittel von Feld 1 und 2 zu reduzieren.

Für Feld 4 ergab sich keine derartige Vergleichsmöglichkeit; jedoch liefert die Diskussion der Farbenindizes in Abhängigkeit von den Spektraltypen (Abschnitt 9) eine indirekte Kontrolle der Helligkeiten des Feldes 4.

Es waren somit als Grundlage für die weitere Untersuchung vorhanden:

a) die ph-Helligkeiten bis etwa zur 14,3. Größe,

b) die phvis-Helligkeiten bis etwa zur 12,6. Größe.

Einen Einblick in die innere Genauigkeit beider photometrischen Systeme gewährte der Vergleich der Helligkeiten der den drei Feldern gemeinsamen Sterne. Für diese wurden nach der Reduktion die Differenzen Δm gegen den Mittelwert gebildet und mittels dieser der mittlere Fehler abgeleitet. Für das ph-System ergab sich: $\pm 0^{m}\!,070$, für das phvis-System: $\pm 0^{m}\!,048$ und somit für den Farbenindex: $\pm 0^{m}\!,085$; das sind, da infolge der Farbengleichung die Farbenindexamplitude zwischen B0- und

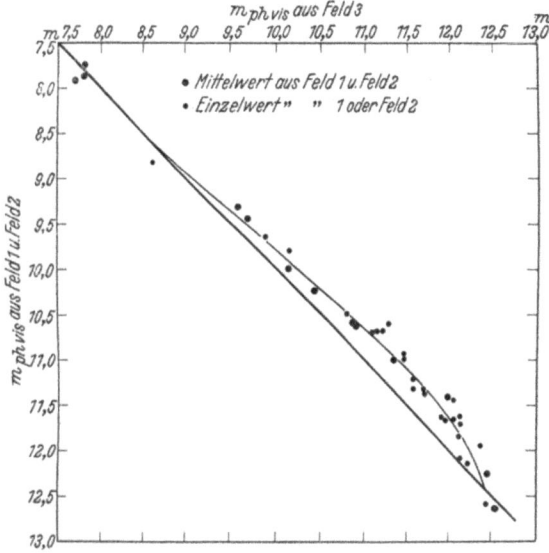

Abb. 13. Beziehung der phvis-Helligkeiten der drei Dunkelfelder zueinander.

M0-Sternen $\sim 4^{m}\!,00$ beträgt[1]) (die Amplitude im internationalen System ist $\sim 2^{m}\!,2$), etwa 2 bis 2,3% der Farbenindexamplitude. Diese recht große Genauigkeit gilt nicht nur für die Sterne, deren Helligkeiten auf den kurz- und langbelichteten Platten gemessen werden konnten, sondern auch, da sich keine Abhängigkeit der mittleren Fehler von der scheinbaren Helligkeit ergab, für die schwachen 1-Stunden-Sterne, so daß es scheint, als ob die nur einmal gemessenen schwachen Sterne den helleren an Genauigkeit nicht nachstehen. Dieser Eindruck wird durch die Beobachtung bestätigt, daß sich schwache Sterne leichter einschätzen ließen als hellere.

9. Aufnahmen und Klassifikation der Spektren. Mittels eines Objektivprismas mit einem ablenkenden Winkel von $2^{\circ}\!,5$ wurden in Verbindung mit

---

[1]) Siehe auch Abschnitt 9 und Abb. 15.

dem ph-Rohr und Agfa-Astroplatten von allen vier Feldern dreistündige Spektralaufnahmen gewonnen, deren Identifizierung und Klassifizierung in einem Stereokomparator, in den außer der Spektralplatte die korrespondierende 1^h-Platte gebracht wurde, vorgenommen wurden. Die Dispersion der Spektren beträgt 0,4 mm zwischen $H\gamma$ und $H\varepsilon$. Um einen ersten Anhalt zu bekommen, wurde in das Gesichtsfeld des Komparators eine Serie typischer Sternspektra, die mit dem gleichen Instrument aufgenommen

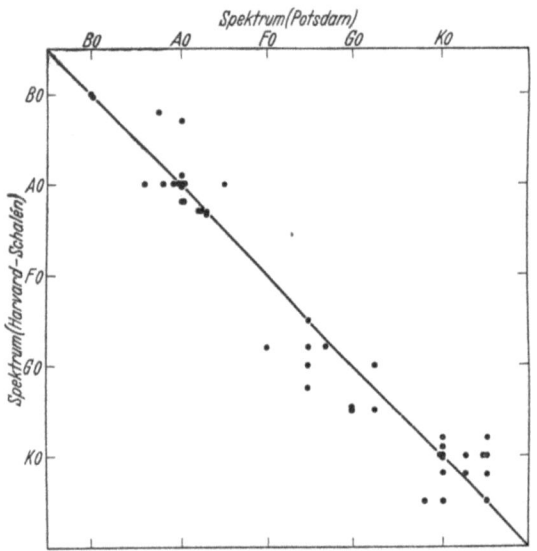

Abb. 14. Beziehung zwischen der Potsdamer Klassifikation (Hartwig) und der Harvard - Schalén - Klassifikation.

waren, gebracht. Für die B- bis mittleren F-Sterne konnte das Klassifizierungsschema von F. Becker[1]) benutzt werden, das die Intensitätsverhältnisse $\dfrac{H\delta}{K}$, $\dfrac{He\,4026}{H\delta}$ zur feineren Trennung dieser Typen heranzieht. Da die Spektren etwa von $H\delta$ bis zum UV gut im Fokus waren, mußte von einer schärferen Trennung der Typen G bis K abgesehen werden; denn die von F. Becker benutzte G-Bande, sowie die Ca-Linie λ 4227 konnten nicht herangezogen werden. Diese Typen wurden lediglich ihrem allgemeinen Aussehen nach (Intensitätsverteilung, Stärke der Linien H und K des Ca^+) klassifiziert. Als Stütze dienten außerdem noch die Tafeln typischer Sternspektra von C. Rufus[2]) und die Tafeln von Ch'ing-Sung-Yü[3]).

---

[1]) F. Becker, Potsdamer Publ. **27**, Heft 1, S. 14, 1929. — [2]) C. Rufus, Publ. Obs. Univ. Michigan **3**, 257, 1923. — [3]) Ch'ing-Sung-Yü, Lick Obs. Bull. **422**, 1930.

Die Grenzgröße, bis zu der die Spektren sicher klassifiziert werden konnten, betrug etwa 11^{m}0 für A-Sterne und 10^{m}5 für späte Typen. Im Feld 4

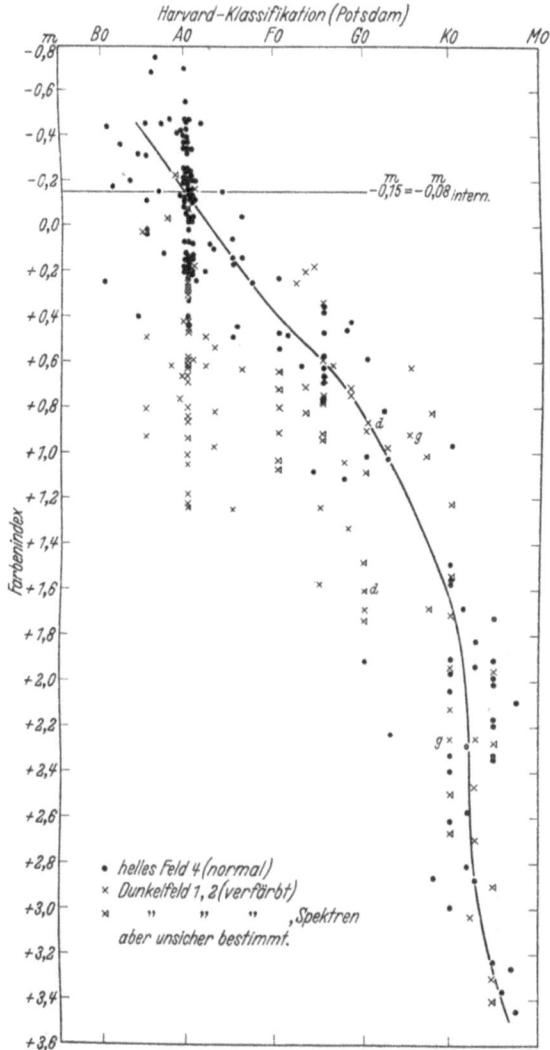

Abb. 15. Darstellung der Potsdamer Farbenindizes gegen die entsprechenden Spektren von Sternen in den Feldern 1, 2 und 4.

konnten so 151 und in Feld 1, 2 rund 70 Spektren klassifiziert werden. Für eine Reihe von Sternen waren außerdem Spektren von SCHALÉN bekannt[1]). Sie sind in Abb. 14 mit den in Potsdam klassifizierten Spektren verglichen. Die frühen und späten Typen stimmen recht gut überein, während die G-Sterne in Potsdam etwas zu früh klassifiziert wurden, was zum Teil in der schon erwähnten Nichtsichtbarkeit der G-Bande begründet liegt.

Für die klassifizierten Sterne wurden nunmehr die Potsdamer Farbenindizes gebildet und in Abb. 15 gegen die Spektraltypen dargestellt. (Es gelten die Punkte; die Kreuze werden später erklärt.) Zwei Tatsachen fallen besonders auf: 1. Die große Anzahl der A-Sterne und deren überwiegend negativer Farbenindex; 2. die große F. I.-Amplitude zwischen den A- und K-Sternen. Auf den ersten Punkt soll zunächst näher eingegangen

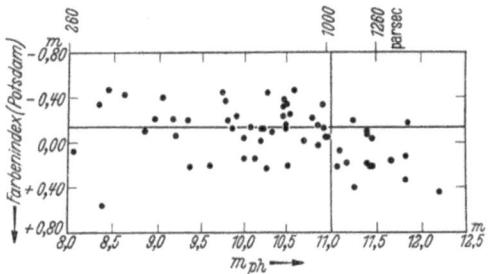

Abb. 16. Beziehung zwischen F. I. und m_{ph} für A-Sterne.

werden. Um zuerst zu entscheiden, ob die starke Streuung der A 0-Sterne etwa auf eine in Feld 4 vorhandene selektive Absorption zurückzuführen ist, wurden die Farbenindizes der B 8-A 2-Sterne in Abhängigkeit von den scheinbaren ph-Größenklassen aufgetragen (siehe Abb. 16). Diese geben, unter der Voraussetzung einer für die A 0-Sterne gültigen absoluten Helligkeit, unmittelbar ein Maß für deren Entfernungen. Die angegebenen Parsec-Werte sind für eine absolute ph-Helligkeit $+ 0^M,9$ [2]) berechnet. Wie schon erwähnt, sind die A 0-Sterne bis etwa zur Größe 11,0 sicher klassifiziert; für die schwächeren Spektren ist anzunehmen, daß ein gewisser Prozentsatz später A- und früher F-Sterne mit zu den A 0-Sternen gezählt wurde, so daß der ab $11^m,0$ einsetzende Abfall durch das Vorhandensein positiver Farbenindizes seine Erklärung findet. Bis zur $11^m,0$ besteht aber, wie die Abbildung zeigt, keine Abhängigkeit der F. I. von der Entfernung; mit anderen Worten bis zu einer Entfernung von 1000 Parsec ist in Feld 4 keine selektive Absorption nachzuweisen. Dieser Befund steht scheinbar in Widerspruch zu dem Ergebnis von Schalén, das dieser in

---

[1]) C. Schalén, Upsala Meddel. **37**, 115f., 1928; **55**, 85 f., 1931. —
[2]) R. J. Trümpler, Lick Obs. Bull. **420**, 154, 1930.

seiner „Untersuchung über Dunkelnebel"[1]) gefunden hat. Für SCHALÉNS Vergleichsgebiet „B", das Feld 4 zum größten Teil enthält, erhält der Autor eine für die Wellenlängen 3950 und 4400 gültige selektive Absorption von $+ 0^{m}{,}07/1000$ Parsec. In der Abb. 3b der genannten Arbeit sind schon die *Mittelwerte* der zur Ableitung benutzten 20 Sterne eingetragen. Mittels der SCHALÉNschen Daten wurde diese Abbildung nochmals *mit den Einzelwerten*, aber ohne Berücksichtigung einer allgemeinen interstellaren Absorption, dargestellt (siehe Abb. 17 vorliegender Arbeit). Aus dieser geht aber ohne Zweifel hervor, daß bis etwa 1000 Parsec von einer Verfärbung wohl kaum die Rede sein kann, so daß das Ergebnis für Feld 4 nicht als im Widerspruch zu SCHALÉN stehend bezeichnet zu werden braucht. Eine

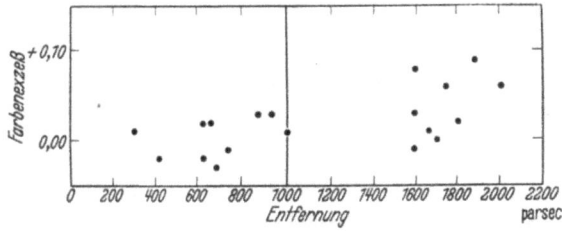

Abb. 17. Beziehung zwischen Farbenexzessen und Entfernungen für das Normalgebiet. Werte nach Schalén, Upsala Meddel. 58, Tabelle 5.

Stütze hierfür bietet außerdem eine Untersuchung des Sternhaufens N. G. C. 1857 [5^h13^m2, $+ 39^{\circ}{,}2$ (1900); $l = 136^0$, $b = + 2^{\circ}{,}5$] von J. CUFFEY[2]). CUFFEY hat die Rotfarbenindizes von 290 Sternen des Haufens innerhalb eines Kreises von $11'{,}4$ Durchmesser untersucht, mit dem Ergebnis, daß in Richtung auf den Haufen, dessen Entfernung etwa 600 Parsec beträgt, und darüber hinaus bis etwa 2000 Parsec keine selektive noch allgemeine Absorption vorhanden ist. Da das Objekt dicht neben dem Feld 4 liegt (in Abb. 2 wurde es durch einen Strich markiert), besteht wohl kein Grund, diesen Befund nicht auch auf das Feld 4 auszudehnen.

Es wurden nunmehr die Farbenindizes aller A 0-Sterne bis zur $11^{m}{,}0$ gemittelt. Dieser Mittelwert ($- 0^{m}{,}15$, $n = 43$) bekommt nach Elimination der Farbengleichung, also durch Multiplikation mit 0,54, den Wert $- 0^{m}{,}08$; d. h. unter der Voraussetzung, daß die beiden Potsdamer photometrischen Systeme keine Nullpunktsfehler besitzen, erscheinen die unverfärbten A 0-Sterne in Feld 4 im internationalen System um $0^{m}{,}08$ zu weiß, oder, da sie unverfärbt sind, würden im Mittel die A 0-Sterne der Polsequenz in

---

[1]) C. SCHALÉN, Upsala Meddel. **58**, 27, 1934. — [2]) J. CUFFEY, Harv. Obs., Tercentenary Papers Nr. 21, 1937.

Wirklichkeit den Farbenindex $+ 0^m_{.}08$ haben, d. h. um diesen Betrag verfärbt sein. Dies Ergebnis stimmt recht gut mit dem Wert $+ 0^m_{.}10$ überein, den SEARES durch Untersuchung der Farbenindizes unverfärbter A 0-Sterne gefunden hat. SEARES kam dort (l. c.) zu dem Schluß, daß sich der negative mittlere Farbenindex ($- 0^m_{.}1$) unverfärbter A 0-Sterne durch eine selektive Absorption der Sterne der Polsequenz erklären läßt. Eine Stütze findet dieser Befund durch eine Untersuchung von SHAPLEY und JONES[1]). Die Autoren fanden eine im ph-Gebiet etwa $0^m_{.}5$ absorbierende Wolke „weniger als 3^0 von der Nordpolsequenz" entfernt und mit einem Durchmesser von ungefähr 2^0 (Zentrum: $11^h_{.}1$, $+ 87^0_{.}3$). Die galaktische Breite dieser Wolke beträgt $+ 30^0$ und die des Poles etwa $+ 27^0$, so daß schon aus der Tatsache einer ziemlich geringen galaktischen Breite ein Grad von Wahrscheinlichkeit für eine Absorption im Gebiet der Polsequenz besteht. Die in der von E. HUBBLE angegebenen scheinbaren Verteilung der anagalaktischen Nebel[2]) vorhandene Ausbuchtung des Gürtels der Nebelleere bei $b = + 27^0$, $l = 90^0$ und die dort beobachteten geringen Nebelzahlen sprechen ebenfalls deutlich für eine Absorption im Gebiet des Nordpols.

Die aus der Abb. 15 folgende Amplitude zwischen A 0- und K 0-Sternen beträgt etwa $1^m_{.}80 = 0^m_{.}97$ im internationalen System. Da in der Klassifikation eine Trennung nach Riesen und Zwergen nicht möglich war, ergab ein Vergleich mit der von SEARES in mehreren Veröffentlichungen abgeleiteten Farbenindexamplitude folgendes Bild. In einer Untersuchung der Eros-Vergleichssterne[3]) ermittelte dieser die Amplitude zwischen A 0- und K 0-Sternen zu $1^m_{.}03$. Dieser Wert gilt für eine mittlere galaktische Breite von $+ 31^0$ und wurde für Sterne des ph-Helligkeitsbereiches von 5^m bis 11^m abgeleitet. Unter den schwächeren Sternen wird ein nicht genau faßbarer Anteil von Zwergen sein. — Eine Zusammenfassung von Mt. Wilson-Werten[4]) ergab nach SEARES für die betrachtete Amplitude $+ 1^m_{.}12$, also praktisch den gleichen Wert, aber, wie der Autor bemerkt, viel geringer als der früherer Untersuchungen[5]), als deren Ergebnis er für Riesen den Wert $+ 1^m_{.}48$ gefunden hatte. Für diese Diskrepanz macht SEARES zum Teil selektive Absorption verantwortlich. Wie die Untersuchungen SCHALÉNS[6]) zeigten, befinden sich in dem von ihm als „B" bezeichneten Gebiet, das den größten Teil des Feldes 4 enthält, bis zur ph-Größenklasse 11,0 pro Quadrat-

---

[1]) H. SHAPLEY u. R. JONES, Harv. Bull. **905**, 14, 1937. — [2]) E. HUBBLE, Mt. Wilson Contrib. Nr. 485, Fig. 3, 1933. — [3]) F. H. SEARES, Ap. J. **72**, 311, 1930; siehe auch Transact. J. A. U. **4**, 137, 1932. — [4]) F. H. SEARES, Proc. of the Nat. Acad. Sc. **22**, 6, 327, 1936. — [5]) F. H. SEARES, Ap. J. **55**, 165, 1921. — [6]) C. SCHALÉN, Upsala Meddel. **55**, 48, 1931.

grad 1,8 Zwerge bzw. 2,6 Riesen (G 0 bis M). Zieht man deshalb die von SEARES für die Eros-Sterne (Riesen und Zwerge gemischt) abgeleitete Amplitude, die für Sterne bis zur $11^m\!,0$ gültig ist, heran, dann ergibt sich folgender Vergleich: Amplitude$_{\text{Potsdam A0-K0}} = 1^m\!,80$; $1^m\!,80 \cdot 0{,}54 = 0^m\!,97_{\text{int}}$. Dieser Wert stimmt gut mit $1^m\!,03$ überein. Daraus folgt somit eine direkte Bestätigung sowohl der in Abschnitt 5 abgeleiteten Farbengleichung des Potsdamer Systems, als auch der Güte der phvis-Helligkeiten des Feldes 4, für das, wie in Abschnitt 8 schon bemerkt wurde, keine direkte Kontrollmöglichkeit bestand (die ph-Größenklassen stimmen für gemeinsame A 0-Sterne mit denen SCHALÉNS überein).

Als wesentliches Ergebnis dieses Abschnitts kann wohl die Bestätigung der von SEARES entdeckten Verfärbung der Sterne der Polsequenz bezeichnet werden, die sich zu $0^m\!,08$ im internationalen System ergab.

B. Die Diskussion des Materials.

10. Die Abgrenzung des Dunkelfeldes. Wie schon erwähnt, dienten die ph-1^h-Platten als Grundlage der Untersuchung. Jede der vier Platten

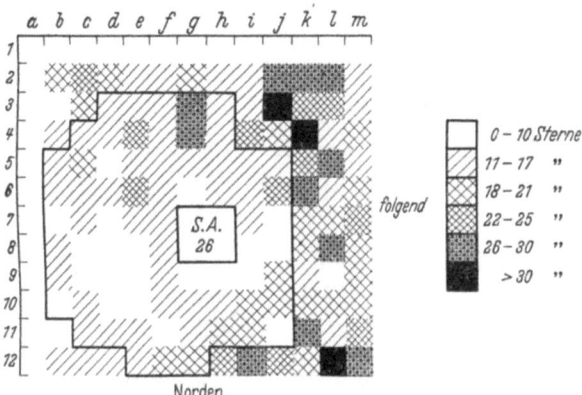

Abb. 18. Erste Abzählung der 1^h-Platte für Feld 2;
das umrandete Gebiet wurde ausgemessen.

wurde mit einer klaren 16×16-Platte belegt, auf die vorher je ein Netz von 1 cm² Seitenlänge aufkopiert war. Um zuerst die angenäherten Grenzen des Dunkelfeldes festzulegen, wurden auf jeder Platte *alle sichtbaren* Sterne ausgezählt. Als Beispiel diene Feld 2 (siehe Abb. 18). Jedes so ausgezählte Quadrat erhielt eine der Flächendichte entsprechende Schraffierung, wie angegeben. Auf diese Art konnten für jedes Feld die sternärmsten Gebiete abgegrenzt werden, deren Sterne sodann gemessen und reduziert wurden (Abschnitt 8). Zur endgültigen Abgrenzung wurden in jedem Quadrat *alle gemessenen* Sterne gezählt. Da die Grenzgrößen der drei Dunkelfelder etwas voneinander differierten (14^{m}5, 14^{m}4, 14^{m}6), wurde für die Felder 1, 2, 3 eine einheitliche Grenzgröße, bis zu der bestimmt alle Sterne erfaßt sind, zu 14^{m}2 angesetzt und alle Dunkelfelder bis zu dieser Helligkeit erneut ausgezählt. Diese endgültigen Zahlen pro cm² sind durch die in Abb. 19 wieder-

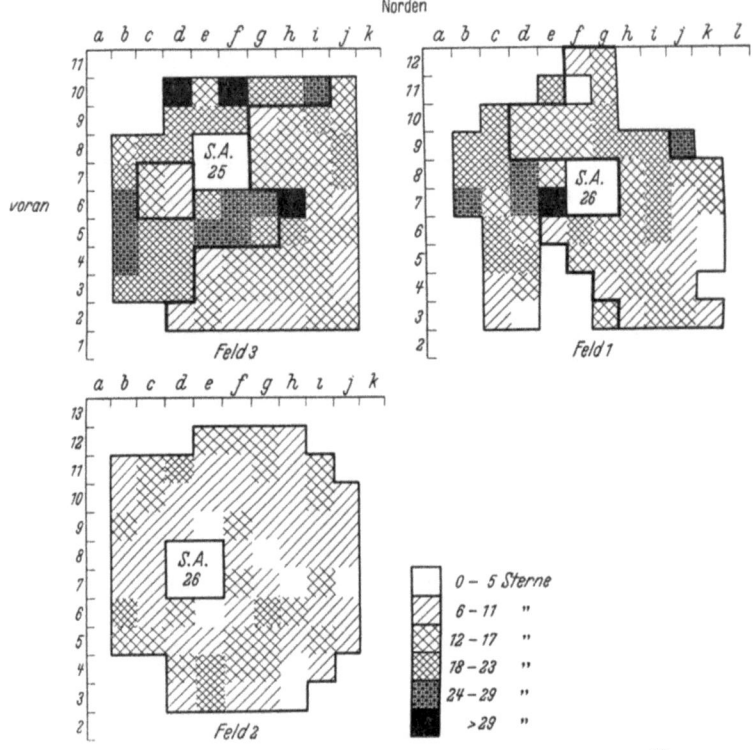

Abb. 19. Zweite Auszählung bis zu der einheitlichen Grenzgröße 14^m,2 zur endgültigen Festlegung der Dunkelfeldgrenzen.

gegebenen Schraffierungen veranschaulicht, die nunmehr die endgültigen Dunkelfeldgrenzen festzulegen gestatteten[1]). Feld 2 wurde als homogen in der Flächendichte ganz behandelt, von Feld 1 der rechts von der Grenzlinie liegende Teil, während Feld 3 ein Übergangsgebiet darstellt, in dem die Flächendichte größer als in Feld 1 und 2 und somit die Absorption geringer zu sein scheint. Es liegt links von der Begrenzungslinie. Bei der weiteren Behandlung fielen natürlich die jeweiligen 4 cm² der S. A.-Felder und in

---

[1]) Die Bedeutung der Schraffen ist in Abb. 18 und 19 erklärt.

Feld 3 noch die Quadrate 6 c, 6 d, 7 c, 7 d mit unterdurchschnittlicher Flächendichte fort. Diese nunmehr endgültig begrenzten Dunkelgebiete sind in Abb. 2 (B. D.-Pause) dargestellt. Von dem Vergleichsgebiet 4 wurde der in Abb. 2 wiedergegebene Teil ausgemessen und reduziert.

11. Auszählung nach ph-Größenklassen. Für die so abgegrenzten Dunkelgebiete sowie für Feld 4 wurden die Sternzahlen zunächst für halbe Größenklassenintervalle durch Auszählen bestimmt. Von der $13^{m}\!,5$ ab wurde nach zehntel Größenklassen gezählt, um so einen Überblick zu gewinnen, bis zu welcher Grenzgröße die Sterne vollständig erfaßt wurden. In Tabelle 3 sind eine Übersicht über die vier Felder, die Anzahlen aller Sterne bis zu der angegebenen Grenzgröße und die Flächengrößen (s) der ausgezählten Felder zusammengestellt.

Tabelle 3.

Feld	m_{ph}	Summe	s (Quadratgrad)	Feld	m_{ph}	Summe	s (Quadratgrad)
1	$14^{m}\!,2$	654	6,19	3	$14^{m}\!,4$	996	4,42
2	14 , 4	954	10,75	4	14 , 3	3578	3,98

Tabelle 4 gibt einen Überblick über das Ergebnis der Auszählung der Felder 1 und 2, nachdem die Sternzahlen für ganze, sich überschneidende Größenklassenintervalle vereinigt wurden.

Es bedeuten die Spalten der Reihe nach: 1. Die Größenklassenintervalle, 2. die Anzahl der pro Helligkeitsintervall ausgezählten Sterne, 3. deren log und 4. die log der auf ein Quadratgrad reduzierten Sternzahlen. Ein Vergleich der Zahlen dieser letzten Spalte in Abhängigkeit von den mittleren Helligkeiten der Intervalle für Feld 1 und 2 (siehe Abb. 20) zeigt, daß, abgesehen von den helleren Sternen (bis zur 9. Größenklasse), eine recht gute Übereinstimmung in den Sternverteilungen vorliegt. Die verhältnismäßig große Streuung der helleren Sterne liegt natürlich in der geringen Anzahl pro Helligkeitsintervall begründet; bis $9^{m}\!,5$ sind es für Feld 1 nur 5 und für Feld zwei 25 Sterne. Zur Erhöhung der Genauigkeit, die naturgemäß mit

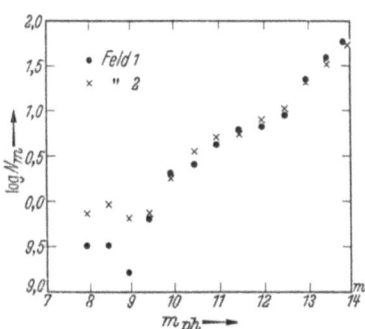

Abb. 20. Beziehungen zwischen den log N_m und den ph-Größenklassen, für Feld 1 und 2 getrennt.

einer Vergrößerung der ausgezählten Fläche wächst, schien es vorteilhaft, Feld 1 und 2 zusammen zu behandeln. Diese Neureduktion ist in Tabelle 5 wiedergegeben, deren ersten Spalten dieselbe Bedeutung haben wie in Tabelle 4; Spalte 6 gibt die kumulativen Sternzahlen pro Quadratgrad (alle Sterne von den hellsten — im Falle dieser Untersuchung wurde als Grenze $7^m\!,5$ gewählt — bis zur Größe m), Spalte 7 gibt deren log und 8 die entsprechenden Größenklassenintervalle. Tabelle 6 (Feld 3) und Tabelle 7a (Feld 4) sind entsprechend aufgebaut.

Tabelle 4.
Feld 1.

Δm	$N_m \cdot s$	$\log(N_m \cdot s)$	$\log N_m$
$7^m\!,5 - 8^m\!,4$	2	0,30	9,51
8,0 — 8,9	2	0,30	9,51
8,5 — 9,4	1	0,00	9,21
9,0 — 9,9	4	0,60	9,81
9,5 — 10,4	13	1,11	0,32
10,0 — 10,9	16	1,20	0,41
10,5 — 11,4	26	1,42	0,63
11,0 — 11,9	38	1,58	0,79
11,5 — 12,4	42	1,62	0,83
12,0 — 12,9	55	1,74	0,95
12,5 — 13,4	143	2,16	1,37
13,0 — 13,9	238	2,38	1,59
13,5 — 14,2	360	2,56	1,77

Feld 2.

Δm	$N_m \cdot s$	$\log(N_m \cdot s)$	$\log N_m$
$7^m\!,5 - 8^m\!,4$	8	0,90	9,87
8,0 — 8,9	10	1,00	9,97
8,5 — 9,4	7	0,85	9,82
9,0 — 9,9	8	0,90	9,87
9,5 — 10,4	19	1,28	0,25
10,0 — 10,9	38	1,58	0,55
10,5 — 11,4	54	1,73	0,70
11,0 — 11,9	59	1,77	0,74
11,5 — 12,4	85	1,93	0,90
12,0 — 12,9	112	2,05	1,02
12,5 — 13,4	217	2,34	1,31
13,0 — 13,9	345	2,54	1,51
13,5 — 14,4	563	2,75	1,72

Bezeichnungen. N_m = Anzahl der Sterne pro Quadratgrad und pro ganzes Größenklassenintervall. $N_m \cdot s$ = Anzahl der Sterne pro untersuchte Fläche und pro ganzes Größenklassenintervall. A_m = Anzahl der Sterne pro Quadratgrad von den hellsten bis zur Größe m.

Tabelle 5. Feld 1,2.

Δm	$N_m \cdot s$	$\log (N_m \cdot s)$	N_m	$\log N_m$	A_m	$\log A_m$	Δm
$7^m,5 — 8^m,4$	10	1,00	0,59	9,77	0,59	9,77	$7^m,5 — 8^m,4$
8,0 — 8,9	12	1,08	0,71	9,85	0,89	9,95	7,5 — 8,9
8,5 — 9,4	8	0,90	0,47	9,67	1,06	0,03	7,5 — 9,4
9,0 — 9,9	12	1,08	0,71	9,85	1,59	0,20	7,5 — 9,9
9,5 — 10,4	32	1,51	1,89	0,28	2,95	0,47	7,5 — 10,4
10,0 — 10,9	54	1,73	3,19	0,50	4,78	0,68	7,5 — 10,9
10,5 — 11,4	80	1,90	4,72	0,67	7,67	0,89	7,5 — 11,4
11,0 — 11,9	97	1,99	5,73	0,76	10,51	1,02	7,5 — 11,9
11,5 — 12,4	127	2,10	7,50	0,87	15,17	1,18	7,5 — 12,4
12,0 — 12,9	167	2,22	9,86	0,99	20,37	1,31	7,5 — 12,9
12,5 — 13,4	360	2,56	21,25	1,33	36,42	1,56	7,5 — 13,4
13,0 — 13,9	583	2,77	34,42	1,54	54,78	1,74	7,5 — 13,9
13,5 — 14,2	731	2,86	43,15	1,64	79,58	1,90	7,5 — 14,2

In Abb. 21 sind nunmehr dargestellt: Die log der auf ein Quadratgrad reduzierten Sternzahlen pro Größenklassenintervall, a) für Feld 1,2, b) für Feld 3 und c) für Feld 4. Diese als WOLFsche Methode bekannte Darstellungsart[1]) gibt ein anschauliches Bild der Sternverteilung in der Dunkelwolke im Vergleich mit der eines Normalgebietes. Vor einer Diskussion der Kurven der Abb. 21 muß noch der galaktische Breitenunterschied und der damit verbundene Breitenabfall der Sternzahlen zwischen Feld 4 und dem Dunkelgebiet berücksichtigt werden. Für die Zentren der Gebiete 4 und 1, 2 beträgt dieser sowohl in dem Groninger galaktischen System als auch in dem von

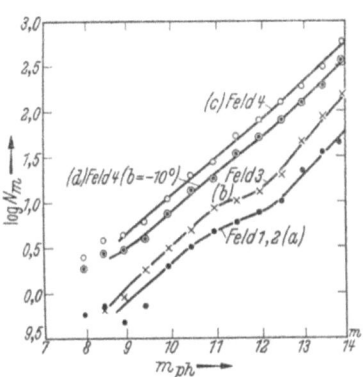

Abb. 21. Darstellung der log N_m gegen die m_{ph}.

SEARES $10°$. Mittels der Tabelle 6 der Groninger Publ. 43, die die kumulativen Sternzahlen in Abhängigkeit von der scheinbaren ph-Helligkeit und als Funktion der galaktischen Breite (über alle galaktischen Längen gemittelt) gibt, wurden die Differenzen $\Delta \log A_m$ der $\log A_m$ für $b = 0°$ und $b = — 10°$ als Funktion der Helligkeit gebildet. Um den Abfall möglichst

---

[1]) Die erste Veröffentlichung von M. WOLF (A. N. 5239) stammt aus dem Jahre 1923, in der er den Dunkelnebel N. G. C. 6960 untersuchte; bereits 1919 haben F. W. DYSON und P. J. MELOTTE (M. N. 80, 3) nach dieser Methode die Dunkelwolken im Taurus untersucht, allerdings ohne die anschauliche graphische Darstellung.

Tabelle 6. Feld 3.

Δm	$N_m \cdot s$	$\log(N_m \cdot s)$	$\log N_m$	A_m	$\log A_m$	Δm
$8^m,0 - 8^m,9$	3	0,48	9,83	0,91	9,96	$7^m,5 - 8^m,9$
$8,5 - 9,4$	4	0,60	9,95	1,36	0,13	$7,5 - 9,4$
$9,0 - 9,9$	8	0,90	0,25	2,72	0,43	$7,5 - 9,9$
$9,5 - 10,4$	14	1,15	0,50	4,53	0,66	$7,5 - 10,4$
$10,0 - 10,9$	21	1,32	0,67	7,47	0,87	$7,5 - 10,9$
$10,5 - 11,4$	37	1,57	0,92	12,90	1,11	$7,5 - 11,4$
$11,0 - 11,9$	45	1,65	1,00	17,65	1,25	$7,5 - 11,9$
$11,5 - 12,4$	56	1,75	1,10	25,57	1,41	$7,5 - 12,4$
$12,0 - 12.9$	87	1,94	1,29	37,34	1,57	$7,5 - 12,9$
$12,5 - 13,4$	211	2,32	1,67	73,32	1,87	$7,5 - 13,4$
$13,0 - 13,9$	377	2,58	1,93	122,65	2,09	$7,5 - 13,9$
$13,5 - 14,4$	668	2,82	2,17	224,49	2,35	$7,5 - 14,4$

Tabelle 7a. Feld 4.

Δm	$N_m \cdot s$	$\log(N_m \cdot s)$	N_m	$\log N_m$	A_m	Δm
$7^m,5 - 8^m,4$	10	1,00	2,51	0,40	2,51	$7^m,5 - 8^m,4$
$8,0 - 8,9$	15	1,18	3,77	0,58	4,02	$7,5 - 8,9$
$8,5 - 9,4$	17	1,23	4,27	0,63	6,79	$7,5 - 9,4$
$9,0 - 9,9$	24	1,38	6,03	0,78	10,06	$7,5 - 9,9$
$9,5 - 10,4$	43	1,63	10,80	1,03	17,60	$7,5 - 10,4$
$10,0 - 10,9$	77	1,89	19,35	1,29	29,42	$7,5 - 10,9$
$10,5 - 11,4$	108	2,03	27,14	1,43	44,76	$7,5 - 11,4$
$11,0 - 11,9$	207	2,32	52,01	1,72	81,47	$7,5 - 11,9$
$11,5 - 12,4$	311	2,49	78,14	1,89	122,96	$7,5 - 12,4$
$12,0 - 12,9$	478	2,68	120,10	2,08	201,66	$7,5 - 12.9$
$12,5 - 13,4$	750	2,87	188,44	2,27	311,54	$7,5 - 13,4$
$13,0 - 13,9$	1198	3,08	301,01	2,48	502,89	$7,5 - 13,9$
$13,5 - 14,3$	2334	3,37	586,43	2,77	898,42	$7,5 - 14,3$

Tabelle 7b.

Δm	$\Delta(\log A_m)$	a	A_m^{-100}	$\log A_m^{-100}$	N_m^{-100}	$\log N_m^{-100}$	Δm
$7^m,5 - 8^m,4$	0,13	1,35	1,86	0,27	1,86	0,27	$7^m,5 - 8^m,4$
$7,5 - 8,9$	0,14	1,38	2,91	0,46	2,73	0,44	$8,0 - 8,9$
$7,5 - 9,4$	0,15	1,41	4,82	0,68	2,95	0,47	$8,5 - 9,4$
$7,5 - 9,9$	0,16	1,45	6,94	0,84	4,02	0,60	$9,0 - 9,9$
$7,5 - 10,4$	0,16	1,45	12,14	1,08	7,32	0,86	$9,5 - 10,4$
$7,5 - 10,9$	0,17	1,48	19,88	1,30	12,94	1,11	$10,0 - 10,9$
$7,5 - 11,4$	0,18	1,51	29,64	1,47	17,50	1,24	$10,5 - 11,4$
$7,5 - 11,9$	0,19	1,55	52,56	1,72	32,68	1,51	$11,0 - 11,9$
$7,5 - 12,4$	0,19	1,55	79,33	1,90	49,69	1,70	$11,5 - 12,4$
$7,5 - 12,9$	0,19	1,55	130,10	2,11	77,54	1,89	$12,0 - 12,9$
$7,5 - 13,4$	0,19	1,55	200,99	2,30	121,66	2,09	$12,5 - 13,4$
$7,5 - 13,9$	0,20	1,58	318,29	2,50	188,19	2,27	$13,0 - 13,9$
$7,5 - 14,3$	0,20	1,58	568,62	2,75	367,63	2,57	$13,5 - 14,3$

genau zu erhalten, wurden außerdem die entsprechenden Werte der SEARES-schen Zahlen[1]) herangezogen. Dies konnte wohl ohne Bedenken geschehen, obwohl die Definitionen der galaktischen Ebene für beide Arbeiten nicht identisch sind (der Nordpol des Groninger Systems liegt bei 12^h56^m, $+25°,5$; der entsprechende Mt. Wilson-Wert ist: 12^h43^m, $+27°,2_{1900}$); beträgt doch, wie schon erwähnt, die galaktische Breitendifferenz zwischen Feld 4 und 1, 2 im SEARESschen System ebenfalls $10°$. Das Mittel der $\Delta \log A_m$ ergab die gesuchte Breitenkorrektion. In Tabelle 7b, Spalte 2 sind die Werte in Abhängigkeit von der scheinbaren ph-Größe wiedergegeben. Sie gelten definitionsgemäß für die kumulativen Sternzahlen, also für die Anzahlen der Sterne von den hellsten bis zur Größenklasse m. Diese m-Werte sind in Spalte 1 gegeben. Im Fall des Feldes 4 und der Dunkelfelder wurden die kumulativen Sternzahlen von $7^m,5$ an berechnet, während die benutzten Katalogwerte von den hellsten an summiert sind; dies spielt jedoch praktisch keine Rolle; denn nach Aussage der Katalogtabellen (l. c.) sind durchschnittlich bis $7^m,5$ etwa 0,6 Sterne pro Quadratgrad vorhanden. Diese geringe Unsicherheit verschwindet vollkommen in der relativ großen Zahl der schwächeren Sterne und erst recht in der Ungenauigkeit, die durch die Anwendung einer für alle galaktischen Längen gültigen Breitenkorrektion hervorgerufen wird. Spalte 3 gibt die Numeri der $\Delta \log A_m$ (a).

Die Anwendung dieser Korrektionen geschah folgendermaßen: Es ist:

$$\Delta \log A_m = \log A_m^{0°} - \log A_m^{-10°}$$
$$= \log \frac{A_m^0}{A_m^{-10}} = \log a; \quad a = \frac{A_m^0}{A_m^{-10}}; \quad A_m^{-10} = \frac{A_m^0}{a};$$

Die in Tabelle 7a für Feld 4 unter Spalte 2 gegebenen Zahlen wurden durch Division mit der Flächengröße ($3,□98$) auf ein Quadratgrad umgerechnet (Spalte 4) und von der Helligkeit $7^m,5$ an summiert (Spalte 6; Intervalle: Spalte 7). Die so erhaltenen kumulativen Zahlen wurden mit den für das jeweilige Größenklassenintervall gültigen a-Werten (Tabelle 7b, Spalte 3) dividiert. So entstanden die Werte der Spalte 4 (Tabelle 7b). Durch rückwärtiges Differenzenbilden wurden sodann wieder die für ganze Größenklassenintervalle gültigen N_m und deren log berechnet (Spalten 6 und 7). Die Werte $\log N_m$ sind in die Abb. 21 eingetragen (Kurve d). Ihre Verschiebung gegen die beobachtete Kurve c beträgt etwa $0^m,4$ in Richtung der Abszissenachse. Dieser Wert wird im nächsten Abschnitt bei der Behandlung des Materials nach der Methode v. D. PAHLENS noch benutzt werden.

---

[1]) F. H. SEARES, Mt. Wilson Contr. **346**, Tabelle 14, Spalte 2 und 4, 1926.

Bei der Ableitung der Breitenkorrektion war noch folgendes zu beachten: 1. Sowohl die Groninger- als auch die Mt. Wilson-Zahlen haben als Argument die internationalen ph-Größenklassen ($\lambda \sim 4320$ Å), während das dieser Untersuchung zugrundegelegte System für die Wellenlänge ~ 4160 Å gültig ist (siehe Abschnitt 5). Streng genommen wäre dieser Unterschied, der infolge der Abhängigkeit der mittleren Farbenindizes von der Entfernung und somit von der scheinbaren Helligkeit in die Beziehung zwischen den $\log A_m$ und den m_{ph} eingeht, zu berücksichtigen gewesen. Wie aus der Ableitung der Farbengleichung hervorging (Abschnitt 5), besteht eine merkliche ph-Farbengleichung erst für solche Sterne, deren internationaler Farbenindex $+ 0^m\!\!.5$ beträgt. Um ein Ergebnis des Abschnitts 13 vorwegzunehmen, erreicht der mittlere Farbenindex der Sterne des Feldes 4 für die scheinbare Helligkeit $12^m\!\!.0$ erst den Wert $+ 0^m\!\!.68$. Dieser Wert entspricht einem internationalen Farbenindex von $+ 0^m\!\!.37$ und somit einer ph-Farbengleichung: $- 0^m\!\!.05$. Um eine Vorstellung über die zu erwartende Größe der Farbengleichung für die 13. und 14. Größenklasse zu gewinnen, wurde eine Arbeit von SEARES herangezogen[1]). Dort veröffentlichte der Verfasser u. a. eine Beziehung zwischen mittleren Farbenindizes und scheinbarer ph-Helligkeit, die er einer Neureduktion von KREIKENS Untersuchungen über die Farben schwacher Sterne entnommen hat. Die dazu benutzten Sterne liegen sämtlich in der Milchstraßenebene ($\bar{b} = 5^0$), und die Farbenindizes sind im internationalen System gegeben. Ein Auszug der SEARESschen Tabelle ist in Tabelle 8 wiedergegeben. Zeile 1 gibt die ph-Größenklassen, Zeile 2 die entsprechenden mittleren Farbenindizes, Zeile 3 die Anzahl der am Mittelwert beteiligten individuellen F. I., und 4 die in Abschnitt 13 abgeleiteten, für Feld 4 gültigen $\overline{\mathrm{F.\,I.}}$. Wie die Tafel lehrt, sind die für Feld 4 abgeleiteten Zahlen bis zur 12. Größe wesentlich und systematisch geringer als die Werte von KREIKEN-SEARES. Dies spricht dafür, daß in der Gegend des Normalfeldes 4 bis etwa zur 12^m weiße Sterne an Zahl vorherrschend sind, was auch aus den diesbezüglichen Untersuchungen SCHALÉNS hervorzugehen scheint (l. c.).

Tabelle 8.

m_{ph}	10^m	11^m	12^m	13^m	14^m
$\overline{\mathrm{F.\,I.}}$	$+ 0^m\!\!.46$	$0^m\!\!.39$	$0^m\!\!.43$	$0^m\!\!.49$	$0^m\!\!.57$
n	34	110	165	591	929
$\overline{\mathrm{F.\,I.}}$	$+ 0^m\!\!.12$	$0^m\!\!.24$	$0^m\!\!.37$	—	—

[1]) F. H. SEARES, Ap. J. 61, 114, Tabelle 8, 1924.

Bei der 12. Größenklasse scheinen die Werte einander anzugleichen. Außerdem mag in diesem Zusammenhang noch auf die Arbeiten von F. BECKER und H. BRÜCK verwiesen werden, in denen diese auf Grund der Potsdamer Spektraldurchmusterung u. a. die prozentuale Häufigkeit der Spektraltypen als Funktion der scheinbaren Helligkeit und der galaktischen Breite untersucht haben. Aus den Ergebnissen soll hier nur das eine zitiert werden, daß in der Milchstraßenebene etwa bis zur 10. Größe die A-Sterne gegenüber den späten Typen vorherrschend sind. Mit abnehmender Helligkeit wächst die prozentuale Häufigkeit der G-Sterne stark, während die A-Sterne abnehmen. Etwa ab 12. Größe wird die Zahl der A-Sterne bedeutungslos. Das Vorherrschen der frühen Typen bestätigt also den in Tabelle 8, Zeile 4 zum Ausdruck kommenden Sachverhalt. Die von SEARES in der zitierten Arbeit vorgenommene Diskussion der Daten anderer Kataloge (Harvard Rev., Draper Katalog, Göttinger Aktin., N. P. S.) ergab für alle galaktischen Breiten eine etwa 50% stärkere Zunahme der $\overline{F.\,I.}$ mit abnehmender scheinbarer Helligkeit, was in der starken Konzentration der B- und A-Sterne auf die Galaxis begründet liegt, so daß dieses Ergebnis wohl nicht mit dem für Feld 4 gültigen verglichen werden kann (wegen $\overline{b} = 0°$!). Soweit also die restlichen zwei Größenklassen in Betracht kommen (12^m bis 14^m), bis zu denen die 1^h-ph-Platten reichen, zeigt dieser Überschlag, daß die ph-Farbengleichung den Wert $-0^m\!\!.1$ nicht überschreitet, wenn man sich auf die Werte von KREIKEN (Tabelle 8) stützt; denn die ph-Farbengleichung erreicht für die 14. Größe den Wert $-0^m\!\!.10$, entsprechend einem mittleren Farbenindex $+0^m\!\!.57$. Es ist jedoch fraglich, ob sich diese Werte von KREIKEN-SEARES ohne weiteres auf das Feld 4 übertragen lassen, da sie nach Anlage der Arbeit für die Scutum-Gegend gültig sind. Überdies scheinen die mittleren Farbenindizes schwacher Sterne, nach ph-Helligkeiten gruppiert, unter Umständen systematisch zu groß zu sein; dies liegt in einer Auswahl roter Sterne begründet; denn von einer gewissen scheinbaren ph-Helligkeit an werden weiße Sterne infolge der zu geringen phvis-Helligkeit nicht mehr erfaßt sein, so daß dadurch die $\overline{F.\,I.}$ verfälscht werden. Es wurde somit von dem Versuch einer Korrektion der Breitenverbesserung abgesehen (siehe auch Abschnitt 12).

2. Die durch die Verbindung der Breitenkorrektionen aus den Groninger- und Mt. Wilson-Zahlen hervorgerufene Unsicherheit (letztere lassen einen etwas geringeren Breitenabfall erkennen) beträgt etwa $\pm\,0{,}05$ in den $\log N_m$ (dem entspricht $\pm\,1$ Stern pro □). In der Verschiebung der Kurven c gegen d in Richtung der Abszissenachse macht dies etwa $\pm\,0^m\!\!.05$

aus. Der Fehler hält sich also durchaus in kleinen Grenzen. (Im Abschnitt 12, in dem nach der v. D. PAHLENschen Methode die für eine zufällige Sternverteilung zulässige Streuung berechnet werden wird, wird auf die Größe der zu erwartenden Fehler näher eingegangen werden. Siehe auch Abschnitt 14.

Die Kurven a, b und d in Abb. 21 sind nunmehr direkt vergleichbar geworden und können nach WOLF folgendermaßen gedeutet werden:

In der mittleren Entfernung der Sterne 8. Größe ist bereits eine Absorption von $1^m_{.}4$ voll wirksam. Legt man die mittleren Parallaxen aus den Groninger Publ. 45, Tabelle 8 zugrunde, nachdem diese auf ph-Größenklassen umgerechnet wurden, dann erhält man etwa 150 Parsec. In der mittleren Entfernung der Sterne $9^m_{.}5$ bis $10^m_{.}5$ (250 bis 350 Parsec) scheint eine weitere Absorption von $0^m_{.}7$ einzusetzen, so daß der Gesamtwert $2^m_{.}1$ beträgt. Ab 350 Parsec ($10^m_{.}5$ unverfinstert) liegen im Mittel bereits alle Sterne hinter der Wolke. Für das Übergangsgebiet Feld 3 liegen die Verhältnisse ähnlich, nur daß die Gesamtbeträge wesentlich geringer sind. Die erste Absorption beträgt $0^m_{.}9$ und ist ebenfalls in 150 Parsec bereits voll wirksam; die in der Entfernung 300 bis 400 Parsec hinzukommende Abschwächung von etwa $0^m_{.}3$ kann wohl nicht sicher verbürgt werden; die gesamte Abschirmung beträgt somit 1^m bis $1^m_{.}2$. Auf die Einwände, die B. J. BOK und F. D. MILLER gegen diese Deutung der WOLFschen Kurven erhoben haben, wird in Abschnitt 14 näher eingegangen werden. Zuvor soll auf das Beobachtungsmaterial die Wahrscheinlichkeitsmethode v. D. PAHLENS angewandt werden.

12. Die Methode v. d. PAHLENS. Die Untersuchung einer Dunkelwolke mit Hilfe des Vergleichs der Sternverteilung in dem Dunkelgebiet mit der eines Vergleichsfeldes ist immer an die Forderung nach Absorptionsfreiheit des letzteren gebunden. Die dadurch hervorgerufene Unsicherheit sucht eine Methode v. D. PAHLENS in der Weise zu umgehen, daß sie zum Vergleich, der in mathematisch strenger Form durchgeführt wird, eine *mittlere Sternverteilung* in *dem* Milchstraßengürtel heranzieht, in dem sich die betrachtete Dunkelwolke befindet. Durch die umfassenden Sternzählungen von P. J. VAN RHIJN[1]) und F. H. SEARES und seinen Mitarbeitern[2]) sind die zur Zeit genauesten Beobachtungsgrundlagen dieser Methode gegeben.

---

[1]) P. J. VAN RHIJN, Groningen Publ. **43**, 1929. — [2]) SEARES, VAN RHIJN, YOYNER u. RICHMOND, Mt. Wilson Contr. **301**, Tabelle 17, 1925.

Das Problem, das v. D. Pahlen sich stellte, kann kurz folgendermaßen skizziert werden[1]:

Es werde die Verteilung von N Sternen in einem Gebiet, das mit einem gleichmaschigen Netz überdeckt ist, betrachtet. Die Größe dieses Gebietes sei $= S$ und die einer Masche des Netzes $= s$. Dann gibt $n = S/s$ die Anzahl der Felder (Maschen). Eine Verteilung t_i der Sterne in dem Netz werde durch die Anzahlen der Felder t, die $i = 1, 2 \ldots N$ Sterne enthalten, definiert. Die Wahrscheinlichkeit eines so definierten Systems t_i ist nach v. D. Pahlen (l. c.) durch folgenden Ausdruck gegeben:

$$W(t_i) = \frac{N! \, n!}{n^N \cdot \prod_i (i!)^{t_i} \cdot (t_i)!}.$$

Dieser ist an die beiden Nebenbedingungen gebunden: $\sum_{i=0}^{N} t_i = n$; $\sum_{i=0}^{N} i \cdot t_i = N$ (die Summe aller Felder $= n$; die Summe aller Sterne $= N$). Das Maximum der als stetige Funktion angesehenen Beziehung $W(t_i)$ liefert die wahrscheinlichste Verteilung t_i:

$$t_i = \frac{\left(\dfrac{N}{n}\right)^i \cdot n \cdot e^{-N/n}}{i!}$$

in der Form eines Poissonschen Verteilungsgesetzes. t_i ist also bestimmt und gibt für Werte $i = 0, 1, 2, \ldots N$ gerade die t_i, die $W(t_i)$ zu einem Maximum machen; mit anderen Worten, dieses so bestimmte System $t_i = f(i)$ gibt für die wahrscheinlichste Anordnung die Anzahl der Felder, die i Sterne enthalten. Um die Frage, welche Felder am häufigsten vorkommen, zu entscheiden, gilt es, das Maximum der Poissonschen Verteilung $t_i = f(i)$ zu bestimmen. Es ergibt sich, daß dies für $i = N/n - 1/2$ erreicht wird; d. h. am häufigsten kommen die Maschen vor, die genähert eine mittlere Sterndichte besitzen. Sollen die so berechneten i-Werte der am häufigsten vorkommenden Felder t_i mit den in einem Feld mit Maschengröße beobachteten Sternzahlen verglichen werden, dann müssen noch zwei Grenzen angegeben werden, die links und rechts von dem theoretischen

---

[1] E. v. D. Pahlen, Über die Wahrscheinlichkeiten von Sternverteilungen, Diss. Göttingen, 1909; E. v. D. Pahlen, Über Sternabzählungen im Gebiete des Kohlensacks, Astr. Nachr. 5705, 1930. — Bemerkung: Alle stellarstatistischen Bezeichnungen, soweit sie in vorliegender Arbeit benutzt werden, halten sich an die Terminologie des Lehrbuches der Stellarstatistik v. D. Pahlens. Siehe auch die entsprechenden Untersuchungen von Rolf Müller, ZS. f. Astrophys. **3**, 261, 1931; u. a.

Wert $i = N/n - \frac{1}{2}$ liegen, innerhalb deren also die beobachteten Anzahlen von den berechneten mittleren Werten abweichen dürfen. Nach v. D. PAHLEN wählt man etwa diejenigen Werte i, für die die Funktion t_i die Werte 0,6 (linke Grenze) bzw. 1 (rechte Grenze) erreicht. Die zu 0,6 und 1 gehörigen Abszissen i schließen somit den Wert $i = N/n - \frac{1}{2}$ ein.

Die zur Anwendung auf das vorliegende Beobachtungsmaterial gelangten Formeln werden nochmal zusammengestellt:

$$i_m = \frac{N}{n} - \frac{1}{2}; \qquad (1)$$

$$t_i = \frac{\left(\frac{N}{n}\right)^i \cdot n \cdot e^{-N/n}}{i_m!}; \qquad (2)$$

der Index m bedeutet, daß die Formeln auf jeden Größenklassenbereich angewandt werden. Formel (1) gibt somit für ein vorgegebenes Intervall die für die zu untersuchende Fläche gültigen wahrscheinlichsten Sternzahlen, während (2) die Anzahl der Felder zu berechnen gestattet, die i_m Sterne enthalten. Das Netz wurde so gewählt, daß als Flächengröße einer Masche die Größen der Felder 1,2; 3 und 4 benutzt wurden. Da die Dunkelwolke (Feld 1,2) ungefähr in der galaktischen Breite $-10°$ liegt, wurden die zur Berechnung der wahrscheinlichsten Verteilung der Sterne in der betrachteten Masche benötigten N den für die galaktische Zone $0°$ bis $-20°$ gültigen Groninger Sternzahlen entnommen (l. c., Tabelle 7, Spalte 5). Die Flächengröße dieser Zone ist $S = 7054$ Quadratgrad. In Tabelle 3 waren die für die untersuchten Felder gültigen Flächengrößen s gegeben. Somit wurden für die Zahlen $n = S/s$ (Anzahl der Maschen des Netzes) folgende Werte erhalten:

Feld	1,2	3	4
n	416,4	1596,3	3547,4

In Tabelle 9 sind die benötigten Groninger Sternzahlen in Spalte 2 wiedergegeben; Spalte 1 enthält die zugehörigen Größenklassenintervalle. Die graphische Darstellung der $\log A_m$ gegen die m_{ph} zeigt einen sehr glatten Verlauf, so daß für Zwischenwerte der m_{ph} die zugehörigen $\log A_m$ sofort abgelesen werden konnten. Da diese die log der summierten (kumulativen) Sternzahlen[1]) pro Quadratgrad sind, wurden sie delogarithmiert und durch

---

[1]) Diese werden in der ausländischen Literatur meist mit N_m bezeichnet. Vgl. die Fußnote auf S. 225.

schrittweises rückwärtiges Differenzenbilden in N_m pro Quadratgrad verwandelt. Die Flächengröße des herangezogenen Milchstraßengürtels beträgt 7054 Quadratgrad; somit ergab die Multiplikation der N_m mit dieser Zahl die Spalte 3, die nunmehr die Anzahlen der Sterne pro Zone für ganze Größenklassenintervalle enthält. Auf die Helligkeitsverbesserungen, die streng genommen an die schwächeren ph-Größen in bezug auf die Farbengleichung anzubringen wären, wurde bereits in Abschnitt 11 eingegangen (Breitenkorrektur, l. c.).

Tabelle 9.

A_m	$\log A_m$	$N_m \cdot S$	A_m	A_m	$\log A_m$	$N_m \cdot S$	A_m
$m - 8^m\!,0$	9,96	4 058	$7^m\!,0 - 8^m\!,0$	$m - 12^m\!,0$	1,74	247 800	$11^m\!,0 - 12^m\!,0$
8,5	0,18	6 811	7,5 — 8,5	12,5	1,96	411 300	11,5 — 12,5
9,0	0,40	11 323	8,0 — 9,0	13,0	2,18	682 900	12,0 — 13,0
9,5	0,63	19 490	8,5 — 9,5	13,5	2,40	1 132 300	12,5 — 13,5
10,0	0,86	33 510	9,0 — 10,0	14,0	2,62	1 879 000	13,0 — 14,0
10,5	1,08	54 920	9,5 — 10,5	14,5	2,82	2 900 000	13,5 — 14,5
11,0	1,30	90 010	10,0 — 11,0	15,0	3,02	4 462 000	14,0 — 15,0
11,5	1,52	149 280	10,5 — 11,5				

Für alle drei Felder wurden für ganze, sich überschneidende Größenklassenintervalle die i_m berechnet. Die Ergebnisse sind in Tabelle 10 (Feld 1,2), 11 (Feld 3) und 12 (Feld 4) zu finden. Spalte 1 gibt jeweils die Größenklassenintervalle der beobachteten Sternzahlen, 2 die Zahlen selbst, während 3 die Intervalle der wahrscheinlichsten Verteilung enthält, die sich durch eine der Abb. 21 entnommenen Absorption entsprechenden Skalenverschiebung ergaben; denn wenn die in Abb. 21 beobachteten Verschiebungen lediglich einer Absorptionswirkung zuzuschreiben sind, dann muß beispielsweise die für Feld 1,2 in dem Größenklassenintervall $12^m\!,5$ bis $13^m\!,4$ beobachtete Sternzahl einer wahrscheinlichsten Anzahl i_m vergleichbar sein, wenn m den Wert $10^m\!,5$ bis $11^m\!,4$ annimmt. Die benutzten Skalenverschiebungen sind in den letzten Spalten (9) angegeben. Das Intervall $11^m\!,0$ bis $11^m\!,9$ enthält das erneute Abbiegen der WOLFschen Kurve (Feld 1, 2), so daß dort der Vergleich mit der wahrscheinlichsten Verteilung nicht durchführbar ist. Ähnliches gilt für Feld 3, wenn auch nicht in dem Maße. Kolumne 5 enthält die i_m mit den bereits definierten Grenzen (Spalte 4 bzw. 6). Die Werte der Fakultäten wurden, wenn sie nicht bereits in der Tabelle v. D. PAHLENS enthalten waren, nach der gekürzten STIRLINGschen Formel berechnet: $i! = i^i \cdot e^{-i} \sqrt{2\pi i}$. Die Berechnung der Grenzen geschah derart, daß die i solange variiert wurden, bis t_i den Wert 0,6 bzw. 1 erreichte. Diese Rechnungen wurden für jedes Größenklassenintervall

Tabelle 10. Feld 1, 2.

Dunkelfeld, Beob.		Wahrscheinlichste Verteilung						
Δm	$N_m \cdot s$	Δm	linke Grenze	i_m	rechte Grenze	t_i theor.	t_N beob.	Skalenverschiebung
$8^m\!,0 - 8^m\!,9$	12	$6^m\!,7_5 - 7^m\!,6_5$	0	7	16	$t_7 = 61$	$t_{12} = 15$	$1^m\!,3$
$8,5 - 9,4$	8	$7,2_5 - 8,1_5$	3	11	22	$t_{11} = 49$	$t_8 = 29$	$1,3$
$9,0 - 9,9$	12	$7,7_5 - 8,6_5$	8	19	32	$t_{19} = 38$	$t_{12} = 10$	$1,3$
$9,5 - 10,4$	32	$8,2_5 - 9,1_5$	19	34	50	$t_{34} = 28$	$t_{32} = 27$	$1,3$
$10,0 - 10,9$	54	$8,7_5 - 9,6_5$	40	60	80	$t_{60} = 21$	$t_{54} = 16$	$1,3$
$10,5 - 11,4$	80	$9,2_5 - 10,1_5$	74	98	123	$t_{98} = 17$	$t_{80} = 3$	$1,3$
$11,0 - 11,9$	97	$9,7_5 - 10,6_5$	124	154	183	$t_{154} = 14$	$t_{97} = 10^{-4}$	$1,3$
$11,5 - 12,4$	127	$9,5_5 - 10,4_5$	104	131	160	$t_{131} = 14$	$t_{127} = 13$	$2,0$
$12,0 - 12,9$	167	$10,0_5 - 10,9_5$	182	216	249	$t_{216} = 11$	$t_{167} = 0,03$	$2,0$
$12,5 - 13,4$	360	$10,5_5 - 11,4_5$	311	358	404	$t_{358} = 11$	$t_{360} = 15$	$2,0$
$13,0 - 13,9$	583	$11,0_5 - 11,9_5$	542	595	643	$t_{595} = 7$	$t_{583} = 6$	$2,0$

Tabelle 11. Feld 3.

Dunkelfeld, Beob.		Wahrscheinlichste Verteilung						
Δm	$N_m \cdot s$	Δm	linke Grenze	i_m	rechte Grenze	t_i theor.	t_N beob.	Skalenverschiebung
$8^m\!,0 - 8^m\!,9$	3	$7^m\!,0_5 - 7^m\!,9_5$	0	2	9	$t_2 = 409$	$t_3 = 341$	$1^m\!,0$
$9,0 - 9,9$	8	$8,0_5 - 8,9_5$	0	7	17	$t_7 = 241$	$t_8 = 211$	$1,0$
$10,0 - 10,9$	21	$9,0_5 - 9,9_5$	7	21	36	$t_{21} = 139$	$t_{21} = 138$	$1,0$
$11,0 - 11,9$	45	$10,0_5 - 10,9_5$	34	56	80	$t_{56} = 85$	$t_{45} = 27$	$1,0$
$11,5 - 12,4$	56	$10,3_5 - 11,2_5$	50	76	103	$t_{76} = 73$	$t_{56} = 5$	$1,2$
$12,0 - 12,9$	87	$10,8_5 - 11,7_5$	95	126	159	$t_{126} = 58$	$t_{87} = 0,1$	$1,2$
$12,5 - 13,4$	211	$11,3_5 - 12,2_5$	175	217	258	$t_{217} = 43$	$t_{211} = 41$	$1,2$
$13,0 - 13,9$	377	$11,8_5 - 12,7_5$	306	360	413	$t_{360} = 42$	$t_{377} = 28$	$1,2$
$13,5 - 14,4$	668	$12,3_5 - 13,2_5$	485	548	609	$t_{548} = 27$	$t_{668} = 10^{-4}$	$1,2$

Tabelle 12. Feld 4.

Dunkelfeld, Beob.		Wahrscheinlichste Verteilung						
Δm	$N_m \cdot s$	Δm	linke Grenze	i_m	rechte Grenze	t_i theor.	t_N beob.	Skalenverschiebung
$8^m\!,0 - 8^m\!,9$	15	$8^m\!,4_5 - 9^m\!,3_5$	1	9	20	$t_9 = 469$	$t_{15} = 79$	$-0^m\!,4$
$9,0 - 9,9$	24	$9,4_5 - 10,3_5$	11	27	46	$t_{27} = 272$	$t_{24} = 237$	$-0,4$
$10,0 - 10,9$	77	$10,4_5 - 11,3_5$	48	75	105	$t_{75} = 163$	$t_{77} = 160$	$-0,4$
$11,0 - 11,9$	207	$11,4_5 - 12,3_5$	155	198	242	$t_{198} = 101$	$t_{207} = 83$	$-0,4$
$12,0 - 12,9$	478	$12,4_5 - 13,3_5$	466	535	599	$t_{535} = 69$	$t_{478} = 3$	$-0,4$
$13,0 - 13,9$	1198	$13,4_5 - 14,3_5$	1281	1387	1488	$t_{1387} = 44$	$t_{1198} = 10^{-4}$	$-0,4$

durchgeführt. Die Spalten 7 und 8 geben die Anzahlen der Felder t_i, die die wahrscheinlichsten bzw. die beobachteten Sternzahlen enthalten. Sie sind mittels Formel (2) berechnet, indem für die i einmal die wahrscheinlichsten Sternzahlen (7) und das andere Mal die beobachteten Werte eingesetzt wurden (8). — Ein Vergleich der beobachteten mit der wahrscheinlichsten Verteilung zeigt folgendes Bild:

Feld 1,2. Bis zum Intervall $10^m\!,\!0$ bis $10^m\!,\!9$ (Spalte 1) herrscht eine gute Übereinstimmung der beobachteten und der wahrscheinlichsten Zahlen. Bei den Sternen $10^m\!,\!5$ bis $11^m\!,\!4$ macht sich das dort einsetzende Abbiegen der Kurve a in Abb. 21 bereits bemerkbar, in dem Sinne, daß die beobachtete Anzahl $= 80$ schon unter dem i-Wert 98 liegt. Die Beobachtung hält sich jedoch noch gut innerhalb der zulässigen Grenzen 74 und 123. Für das Intervall $11^m\!,\!0$ bis $11^m\!,\!9$ ist, wie zu erwarten, die mittlere Dichte (154) viel zu hoch; denn nach Abb. 21 ist die Skalenverschiebung schon wesentlich größer als $1^m\!,\!3$. Von der $11^m\!,\!5 - 13^m\!,\!9$ herrscht mit Ausnahme der Sterne der $12^m\!,\!0 - 12^m\!,\!9$ bei einer Skalenverschiebung von 2^m wieder sehr gute Übereinstimmung mit den theoretischen Zahlen. Für dieses Intervall besitzt Feld 1,2 eine unterdurchschnittliche, und da aus der zulässigen Grenze herausfallend, eine nicht mehr zufällige Verteilung. Ein ähnliches Verhalten zeigt auch für dasselbe Intervall Feld 3. Man könnte zur Begründung an einen Auswahleffekt denken, indem im Intervall $12^m\!,\!0 - 12^m\!,\!9$ zu wenig Sterne gezählt wurden, nämlich die, deren Helligkeiten zwischen $12^m\!,\!9$ und $13^m\!,\!1$ liegen, und die fälschlicherweise dem Intervall $13^m\!,\!0 - 13^m\!,\!9$ zugeteilt wurden. Ein Überschlag zeigt jedoch, daß dieser Effekt die Beobachtung nur zu einem geringen Teil zu erklären vermag: In Feld 3 sind acht Sterne mit einer Helligkeit $12^m\!,\!95$ vorhanden. Diese wurden bei der Auszählung zu der Gruppe $13^m\!,\!0 - 13^m\!,\!9$ gerechnet[1]). Nimmt man nun an, daß diese acht Objekte in Wirklichkeit zu der Gruppe $12^m\!,\!0 - 12^m\!,\!9$ gehören, dann werden die Zahlen der Tabelle 11, Spalte 2, Zeilen 6 und 8: $87 + 8 = 95$ bzw. $377 - 8 = 369$. Da $\log 87 = 1{,}94$ und $\log 95 = 1{,}98$ ist, bzw. $\log 377 = 2{,}58$ und $\log 369 = 2{,}57$, würden die Punkte, die in Abb. 21, Kurve b die Intervalle $12^m\!,\!0 - 12^m\!,\!9$ bzw. $13^m\!,\!0 - 13^m\!,\!9$ darstellten ($12^m\!,\!45$ bzw. $13^m\!,\!45$), nur um $\varDelta \log (N_m \cdot s) = 0{,}04$ gehoben bzw. um 0,01 gesenkt werden müssen. Wäre also für das Defizit lediglich eine Unsicherheit der Grenzhelligkeit $12^m\!,\!9$ verantwortlich, dann müßten laut Tabelle 11 etwa 40 bis 50 Sterne dem Intervall $12^m\!,\!0 - 12^m\!,\!9$ entzogen und dem Bereich $13^m\!,\!0 - 13^m\!,\!9$ zugegeben worden sein. Dies ist

---

[1]) Die Zehntel wurden erhöht, sobald die Hundertstel $= 5$ waren.

nach Aussage der Meßbücher nicht der Fall; denn, sehr ungünstig gerechnet, ist das Defizit etwa um einen Faktor 3 bis 4 zu groß. Eine ähnliche Überlegung gilt für das Feld 1,2. Dies und der Umstand, daß die Kurven der Felder 1,2 und 3 in ihrem Verlauf ziemlich ähnlich sind, spricht vielmehr dafür, daß das Defizit an Sternen wahrscheinlich reell ist. — Die somit erwiesene zufällige Sternverteilung im Feld 1,2 (mit Ausnahme der beiden, soeben betrachteten Helligkeitsintervalle) wird durch den Vergleich der t_i (Spalten 7, 8) erhärtet. Auch diese Werte laufen mit Ausnahme der 7. und 9. Zeile gut parallel; d. h. die theoretisch zu erwartenden Anzahlen der Felder, die i_m Sterne enthalten, entsprechen den Anzahlen der Felder, die die beobachteten Sternzahlen besitzen.

Feld 3. Die Tabelle 11 wurde für eine Skalenverschiebung von 1^m (bis $11^m\!\!.9$) und $1^m\!\!.2$ ($11^m\!\!.5 - 14^m\!\!.4$) gerechnet. Bis zur $11^m\!\!.9$ (Spalte 1) sind die Zahlen der Kolumnen 2 und 5 recht gut miteinander vergleichbar, wenn auch für das Intervall $11^m\!\!.0 - 11^m\!\!.9$ die beobachtete Anzahl (45) unter dem wahrscheinlichsten Wert, aber noch gut innerhalb der zulässigen Grenzen 34 und 80 liegt. Der Grund hierfür liegt, wie für Feld 1,2, in dem Abbiegen der Kurve b (siehe Abb. 21), so daß für das betrachtete Größenklassenintervall die Skalenverschiebung bereits größer als 1^m ist. Der weitere Verlauf der Kurve b der Abb. 21 ist etwas unregelmäßiger als der von a. Dies äußert sich sinnfällig in der Tabelle 11 für die Gruppen $11^m\!\!.5$ bis $14^m\!\!.4$. Die Skalenverschiebung ($1^m\!\!.2$) wurde deshalb so gewählt, daß sie im Mittel den Vergleich der Spalten 2 und 5 möglichst befriedigt. Aus diesem Grunde fallen die beobachteten Sternzahlen 87 ($12^m\!\!.0 - 12^m\!\!.9$) und 668 ($13^m\!\!.5 - 14^m\!\!.4$) nicht in die angegebenen, von der Zufälligkeit der Verteilung geforderten Grenzen. Der Wert 87 liegt unter der linken Grenze 95, während 668 die rechte Grenze 609 überschreitet. Spalte 7 gibt an, daß für die Gruppe $12^m\!\!.0 - 12^m\!\!.9$ die Zahl der Felder t_i, die die wahrscheinlichste Anzahl, nämlich 126 Sterne, enthalten, 58 beträgt, während nur 0,1 Felder mit der beobachteten unterdurchschnittlichen Zahl 87 vorhanden sind. Gänzlich unwahrscheinlich ist die Verteilung im letzten Größenintervall, für das 27 Felder mit der wahrscheinlichsten Zahl 548 vorhanden sind, während theoretisch kein Feld zu erwarten ist, das die beobachteten 668 Sterne enthält. Da das letzte Intervall bis zur $14^m\!\!.4$ reicht, ist es möglich, daß infolge der Grenzgröße der Platte zu viel Sterne gezählt wurden, was nach dem Aussehen der Grenzsterne auf der Platte sogar wahrscheinlich ist. Auf die Depression des Punktes bei $12^m\!\!.45$ wurde schon oben eingegangen. Plausibler erscheint es jedoch, die überdurchschnittlichen Zahlen ab 12. Größe im Feld 3 als reell anzusprechen und durch eine Zunahme der räumlichen Dichte im Vergleich mit der des Feldes 4 zu erklären (siehe auch Abschnitt 13).

Feld 4. Da dieses Milchstraßengebiet eine mittlere galaktische Breite 0^0 hat, wurden zur Berechnung der wahrscheinlichsten Sternzahlen die Groninger Werte für den galaktischen Gürtel $\pm 20^0$ herangezogen[1]) und in genau derselben Art verwertet wie die Zahlen der Tabelle 9. Die Flächengröße S dieses Gürtels beträgt 14108 Quadratgrad, so daß $n = \dfrac{S}{s} = \dfrac{14108}{3,98}$ = 3547,4 wird. Die beste Übereinstimmung zwischen den Zahlen der Spalten 2 und 5 (Tabelle 12) wurde mittels einer Skalenverschiebung von $- 0^m_.4$ erreicht. Bis auf die beiden letzten Helligkeitsintervalle herrscht eine sehr gute Übereinstimmung zwischen den beobachteten und wahrscheinlichsten Sternzahlen, was wiederum auch durch die t_i zum Ausdruck gelangt, deren Werte gut parallel verlaufen (Spalte 7, 8). Die verhältnismäßig große beobachtete Sternzahl im Intervall $8^m_.0 - 8^m_.9$ liegt wohl noch in der Unsicherheit der Statistik heller Sterne begründet. Der Wert 478 des vorletzten Intervalls liegt zwar schon unterhalb der wahrscheinlichsten Anzahl, aber noch gut innerhalb der Grenzen; es sind theoretisch noch 3 Felder zu erwarten, die 478 Sterne enthalten, gegenüber 69 Feldern mit je 535 Objekten. Für die Gruppe $13^m_.0 - 13^m_.9$ scheint die Skalenverschiebung ($- 0^m_.4$) zu groß zu sein; denn dieses Intervall besitzt eine unterdurchschnittliche Sterndichte (1198 gegen 1387). Theoretisch ist auch kein Feld zu erwarten (10^{-4}), das 1198 Sterne enthält. Abgesehen von dem Intervall $13^m_.0 - 13^m_.9$ läßt sich also folgendes aussagen: 1. Das Vergleichsfeld 4 besitzt bis auf eine Skalenverschiebung ($- 0^m_.4$) eine zufällige, also wahrscheinlichste und somit normale Sternverteilung. — 2. Die Skalenverschiebung von $- 0^m_.4$ ist, wie die nachfolgende Tabelle 13 lehrt, als Breitenkorrektion anzusehen und bestätigt den in Abschnitt 11 abgeleiteten Wert; denn Spalte 2 gibt die zur Behandlung des Feldes 4 benutzten Groninger Zahlen und 3. die der Tabelle 6 (l. c.) entnommenen, für $b = - 10^0$ gültigen $\log A_m$. Die Werte

Tabelle 13.

Δm	$\log A_m (\pm 20^0)$	$\log A_m (- 10^0)$	Δm	$\log A_m (\pm 20^0)$	$\log A_m (- 10^0)$
$m - 8^m_.0$	9,93	9,93	$m - 12^m_.0$	1,73	1,70
9,0	0,38	0,37	13,0	2,16	2,14
10,0	0,84	0,82	14,0	2,58	2,57
11,0	1,29	1,26			

[1]) Groningen Publ. **43**, Tabelle 7, Mittel aus Spalte 4 und 5.

beider Spalten stimmen praktisch überein; also stellt die mit Hilfe der Spalte 2 berechnete wahrscheinlichste Verteilung in Feld 4 die Sternverteilung in -10^0 galaktischer Breite dar, womit die obige Behauptung ($-0\overset{m}{.}4=$ Breitenkorrektion) begründet ist.

Die graphische Darstellung der Ergebnisse der Tabellen 10, 11 und 12, Kolumnen 1, 2, 3 und 5 ist in den Abb. 22a, b, c wiedergegeben. Ordinaten

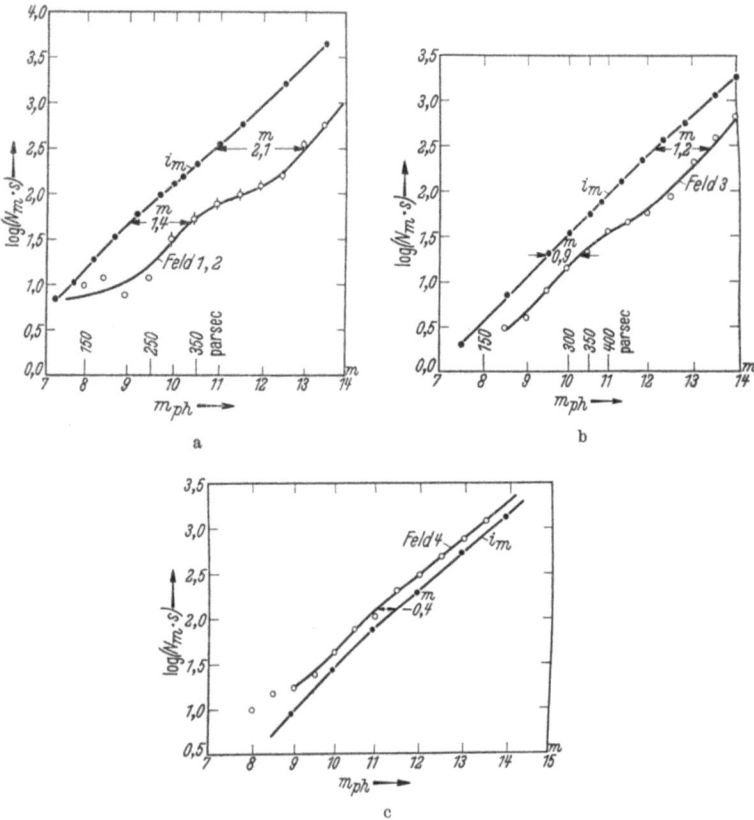

Abb. 22 (a, b, c). Darstellung der Sternverteilungen in den drei Feldern gegen die wahrscheinlichsten Verteilungen nach v. d. Pahlen, s. Tabelle 10, 11, 12.

sind die log $(N_m \cdot s)$, Abszissen die m_{ph} [log $(N_m \cdot s)$ sind die log der Sternzahlen pro Größenklassenintervall und pro Feldgröße]. Als Vergleichskurven stehen somit die der wahrscheinlichsten Sternverteilungen (i_m) zur Verfügung. Sieht man die Kurven i_m im Bereich der helleren Sterne 7^m-9^m als richtig an, dann ist in Abb. 22a auch der Anfang der Dunkelwolke angedeutet; denn die Kurve des Feldes 1, 2 scheint sich zwischen der 8^m und 9^m der i_m-Kurve zu nähern, so daß man mit einer gewissen Berechtigung die Konvergenz für die 7. Größe erwarten darf. Der Konvergenzpunkt ist natürlich infolge der geringen Anzahl heller Sterne nicht genau festzulegen; er liegt jedoch wahrscheinlich eher vor als nach der $7^m - 7^m.5$. Die entsprechende mittlere Entfernung würde demnach etwa 100 Parsec betragen.

13. Die selektive Absorption. Ursprünglich bestand der Plan, die Untersuchung nach Spektraltypen getrennt durchzuführen. Da jedoch die Grenzgröße der Spektren bei der $10^m.5 - 11^m.0$ lag, während die Farbenindizes

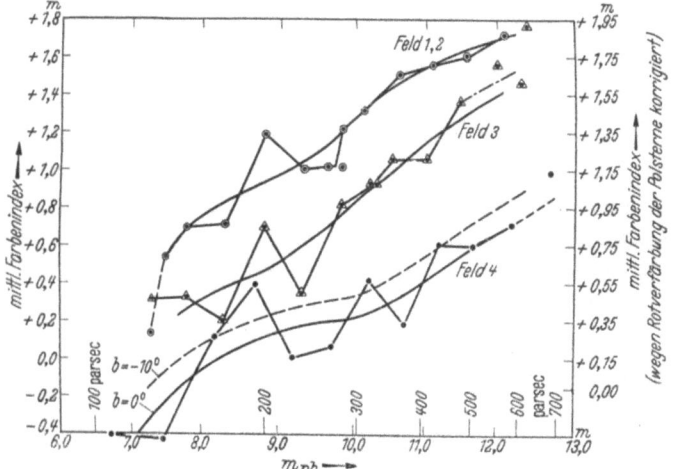

Abb. 23. Beziehungen zwischen den mittl. F. I. und den entsprechenden m_{ph}. Skalenverschiebungen: Feld 1,2: $9^m < m_{ph} < 11^m.4$: $\Delta m = -1^m.4$; $m_{ph} = 11^m.5$ bis $11^m.9$: $\Delta m = -1^m.9$; m_{ph} schwächer $12^m.0$: $\Delta m = -2^m.1$. Feld 3: m_{ph} heller $11^m.4$: $\Delta m = -0^m.9$; m_{ph} schwächer $11^m.5$: $\Delta m = -1^m.2$.

bis zur 13. bis 14. Größe (ph) vorlagen, wurde zur Ableitung einer etwa vorhandenen Verfärbung ein summarisches Verfahren angewandt. Für die 3 Felder (1, 2; 3; 4) wurden für halbe Helligkeitsintervalle (ph) die mittleren Farbenindizes ($\overline{F. I.}$) berechnet. Diese Werte sind in den Tabellen 14, 15 und 16 wiedergegeben. Die Spalten geben der Reihe nach: die Größenklassenintervalle, die $\overline{F. I.}$, die Zahl n der zur Mittelbildung benutzten individuellen F. I.; n_1 bezeichnet die Anzahl der Sterne, die bei der Mittelbildung nicht erfaßt sind, da a) entweder die phvis-Helligkeiten nicht mehr gemessen werden konnten oder b) die Werte zu ungenau waren. Spalte 5 $(n + n_1)$ gibt somit die Zahl der photographisch ausgezählten Sterne,

6 enthält die zur Mittelung der F. I. benutzte Anzahl in Prozenten von $n + n_1$ ausgedrückt. Die Werte der Kolumnen 1 und 2 sind für die 3 Felder in Abb. 23 gegen die scheinbaren ph-Größen aufgetragen[1]). Dabei war die durch die ph-Absorption verursachte Verschiebung der Größenklassenskalen zu berücksichtigen. Um die einzelnen Kurven: $\overline{F. I.} = f(m_{\text{ph}})$ mit der unverfälschten Beziehung für das Feld 4 vergleichbar in die Abbildung einzutragen, mußten die der Abb. 21 entnommenen, in Abb. 23 zusammengestellten Absorptionsbeträge berücksichtigt werden; denn unter Voraussetzung ähnlicher räumlicher Sternverteilung und ähnlicher Mischung der Spektraltypen entspricht z. B. der scheinbaren ph-Größe 11^{m}0 in Feld 4 eine nur durch Absorption verfälschte Helligkeit: 13^{m}1 in Feld 1, 2. Der $\overline{F. I.}$ ist also in Wirklichkeit für die Größe 11,0 charakteristisch, oder allgemein: der mittlere F. I. eines Dunkelgebietes für die Helligkeit m muß mit dem $\overline{F. I.}$ eines Normalgebietes für die Größe $m - \Delta m$ verglichen werden, wenn Δm die Absorption in Größenklassen bedeutet. Die Abb. 23 zeigt eindeutig, daß sowohl die Beziehung für Feld 1, 2 als auch die für Feld 3 in Richtung größerer mittlerer F. I. gegen die Kurve des Normalgebietes verschoben sind, was nur durch eine Rotverfärbung der Sterne im Dunkelgebiet erklärt werden kann. (Es sei daran erinnert, daß, wie in Abschnitt 9 gezeigt wurde, das Feld 4 sicher nicht verfärbt ist!) Bemerkenswert ist der für die schwächeren Sterne etwa ab $10^m - 11^m$ parallele Verlauf der 3 Kurven und

Tabelle 14. Feld 1, 2.

Δm (ph)	$\overline{F. I.}$	n	n_1	$n + n_1$	$^0/_0$
von: bis:					
7^{m}5 — 8^{m}4	+0^{m}14	12	—	12	100
8,5 — 8,9	0,54	5	—	5	100
9,0 — 9,4	0,70	3	—	3	100
9,5 — 9,9	0,72	9	—	9	100
10,0 — 10,4	1,19	24	—	24	100
10,5 — 10,9	1,01	31	—	31	100
11,0 — 11,4	1,02	49	—	49	100
11,5 — 11,9	1,22	48	—	48	100
12,0 — 12,4	1,32	78	1	79	99
12,5 — 12,9	1,51	88	—	88	100
13,0 — 13,4	1,56	261	11	272	96
13,5 — 13,9	1,60	279	33	312	90
14,0 — 14,4	1,72	366	72	438	84[2])
Feld 2: (13,5 — 13,9	1,61	183	3	186	98)

[1]) Vgl. auch H. MÜLLER u. L. HUFNAGEL, ZS. f. Astrophys. 9, 331, 1935. — [2]) An dem Wert dieses Intervalls sind (wegen der Vollständigkeit der F. I.) von Feld 1 nur Sterne der Größe 14,0 ph beteiligt.

Tabelle 15. Feld 3.

Δm (ph)	F. I.	n	n_1	$n + n_1$	%
von: bis:					
8ᵐ,0 — 8ᵐ,4	+0ᵐ,31	1	1	2	50
8,5 — 8,9	0,33	1	1	2	50
9,0 — 9,4	0,21	2	—	2	100
9,5 — 9,9	0,70	6	—	6	100
10,0 — 10,4	0,35	8	—	8	100
10,5 — 10,9	0,82	13	—	13	100
11,0 — 11,4	0,93	23	1	24	96
11,5 — 11,9	1,06	20	1	21	95
12,0 — 12,4	1,06	35	—	35	100
12,5 — 12,9	1,37	52	—	52	100
13,0 — 13,4	1,56	117	42	159	74
13,5	1,46	13	15	28	46
13,6	1,77	10	11	21	48
13,7	1,95	26	28	54	48
13,8	2,27	5	11	16	31
13,9	2,23	45	54	99	45

Tabelle 16. Feld 4.

Δm (ph)	F. I.	n	n_1	$n + n_1$	%
von: bis:					
7ᵐ,0 — 7ᵐ,9	−0ᵐ,43	4	—	4	100
8,0 — 8,4	+0,12	8	1	9	89
8,5 — 8,9	0,40	6	—	6	100
9,0 — 9,4	0,01	11	—	11	100
9,5 — 9,9	0,07	13	—	13	100
10,0 — 10,4	0,42	29	1	30	97
10,5 — 10,9	0,19	48	—	48	100
11,0 — 11,4	0,61	61	—	61	100
11,5 — 11,9	0,60	145	1	146	99
12,0 — 12,4	0,71	159	6	165	97
12,5 — 12,9	0,99	215	98	313	69

der ähnliche Verlauf der starken Schwankungen zwischen der 8ᵐ und 10ᵐ. Daraus kann man mit einer gewissen Berechtigung den Schluß ziehen, daß diese Schwankungen nur zum Teil auf die geringe Anzahl heller Sterne zurückzuführen sind[1]); vielmehr ist man wohl berechtigt, die Mischung der Spektraltypen in Abhängigkeit von der Entfernung in allen Feldern als ähnlich anzusehen. Dieser Befund gibt der Wahl des Feldes 4 zum Vergleichsgebiet eine weitere Stütze[2]).

Wie die Spalten 6 der Tabellen 14, 15 und 16 lehren, sind an den $\overline{\text{F. I.}}$ des Feldes 4 bis zur 12ᵐ,4 97% aller ausgezählten Sterne beteiligt; d. h. die

---

[1]) Siehe Tabelle 14, 15, 16, Spalte 3 (n). — [2]) Vgl. auch den Verlauf der räumlichen Dichtefunktion im Dunkel- und Vergleichsgebiet bei SCHALÉN (Upsala Meddel. **55**, Abb. 13 und 16).

mittleren F. I. sind bis zur Grenzgröße vollständig, also nicht durch Fehlen früher Typen schwacher Helligkeit systematisch zu rot. In Feld 1,2 sind laut Tabelle bis $13^m\!.4$ die F. I. von 96% der Sterne erfaßt und zur Mittelbildung benutzt worden. Da die phvis-Platte des Gebietes 2 etwas weiterreicht, sind in der letzten Zeile der Tabelle 14 die Zahlen für $13^m\!.5 - 13^m\!.9$ für Feld 2 allein gegeben. Ähnlich ist es mit den Werten in dem Übergangsgebiet 3. Dort sind bis zur gemessenen ph-Größe $12^m\!.9$ die Farbenindizes aller Sterne an der Berechnung der $\overline{\text{F. I.}}$ beteiligt. Das folgende Intervall ($13^m\!.0 - 13^m\!.4$) mit 74% kann aber schon kaum mehr als der Wirklichkeit entsprechend angesehen werden; denn die fehlenden 26% sind zum Teil auf unsichere phvis-Helligkeiten (da an der Grenzgröße der Platte liegend), zum Teil aber auf fehlende phvis-Größen schwacher früher Typen zurückzuführen. Die $\overline{\text{F. I.}}$ werden also ab 13^m systematisch zu rot sein. Bis zu den angegebenen Vollständigkeitsgrenzen prägt sich somit in dem Ansteigen der Kurven das Wachsen der $\overline{\text{F. I.}}$ mit größer werdender Entfernung aus. Hierauf wurde bereits in Abschnitt 11 (Breitenkorrektion) eingegangen.

Der Betrag der selektiven Absorption ergibt sich sofort aus der Ordinatendifferenz gegen Feld 4. Legt man mittlere Kurven durch die Punkte der Abb. 23 (ohne Berücksichtigung der Schwankungen), dann ergibt sich für Feld 1,2 eine Verfärbung zwischen den Wellenlängen 4160 und 5800 von dem Betrag $1^m\!.1$ und für Feld 3 eine solche von $0^m\!.7$. Da es nur auf die Ordinatendifferenzen ankommt, ist die Nullpunktskorrektion, die in Abschnitt 9 für das Feld 4 abgeleitet wurde, *dann* ohne Belang für dieses Ergebnis, wenn sie als Rotverfärbung der Polsterne gedeutet wird (woran wohl kaum gezweifelt werden kann), da diese gleichmäßig in alle 3 Kurven eingeht. Es wäre also lediglich die Ordinate um $0^m\!.15$ zu verschieben, wie dies in Abb. 23 angegeben ist (rechte Ordinate).

Streng genommen ist noch die Änderung der $\overline{\text{F. I.}}$ mit der galaktischen Breite zu berücksichtigen, um den Breitenunterschied zwischen Feld 4 und dem Dunkelgebiet von 10^0 in Rechnung zu setzen. Hierzu wurde die bereits mehrfach zitierte Untersuchung von SEARES[1]) zu Rate gezogen. Der Abb. 2 (C_p) der genannten Arbeit wurde eine mittlere Korrektion der $\overline{\text{F. I.}}$ für $\Delta b = 10^0$ zu $+ 0^m\!.10 = + 0^m\!.18$ (im Potsdamer System) entnommen. Berücksichtigt man diesen Betrag in dem Sinne, daß alle $\overline{\text{F. I.}}$ des Feldes 4 um $0^m\!.18$ röter gemacht werden müssen, um sie auf -10^0 zu übertragen, dann erhält man für Feld 1,2 eine Verfärbung von rund $0^m\!.9$

---

[1]) F. H. SEARES, A. P. J. **61**, 114, Abb. 2, 1924.

und für Feld 3 eine solche von $0\overset{m}{.}6$ bis $0\overset{m}{.}5$. Man muß sich natürlich vor Augen halten, daß diese Korrektionen grobe Mittelwerte darstellen, da sie einen Gang mit der galaktischen Länge nicht berücksichtigen und überdies nur für Sterne der $6^m - 7^m$ gelten. Mit abnehmender scheinbarer Helligkeit (also wachsender Entfernung) wird der lineare Abstand zwischen Feld 4 und 1,2 immer größer, so daß die Korrektion infolge der galaktischen Konzentration der frühen Typen sicher wachsen wird. Diese wahrscheinliche Zunahme ist aber nicht mit der für diese Zwecke nötigen Genauigkeit bekannt, so daß vor der Hand nichts übrig blieb, als die mittlere Kurve des Feldes 4 etwa bei der 7^m um $0\overset{m}{.}18$ parallel zu sich selber in Richtung wachsender $\overline{F.I.}$ zu verschieben (siehe Abb. 23). Daß damit ungefähr das Richtige getroffen sein dürfte, erhellt daraus, daß nunmehr die Verfärbung des Feldes 1,2 doppelt so groß wird wie die des Feldes 3; dies wird plausibel, wenn man sich vor

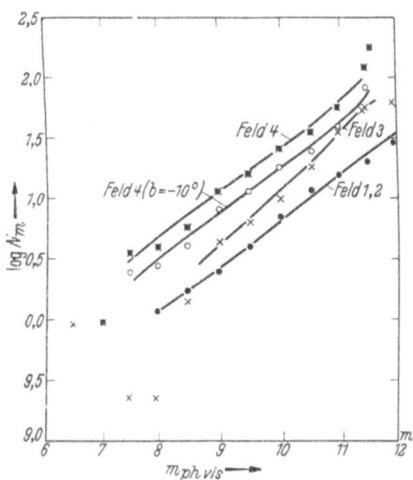

Abb. 24. Beziehungen zwischen den $\log N_m$ und den entsprechenden phvis-Helligkeiten.

Augen hält, daß die ph-Absorption in 1,2 doppelt so groß ist wie die in Feld 3. Für die Werte der Verfärbung sind somit $+ 0\overset{m}{.}9$ (1,2) und $+ 0\overset{m}{.}5$ (3) anzusetzen.

Es war von Interesse zu sehen, ob sich die selektive Absorption auch in dem Maße bemerkbar gemacht hätte, wenn die WOLFschen Kurven nicht für die ph-, sondern für die phvis-Helligkeiten gezeichnet worden wären. Eine Bearbeitung des Materials unter diesem Gesichtspunkt wurde durchgeführt; das Ergebnis ist in Abb. 24 wiedergegeben. Die Darstellung ist genau so zu lesen wie die Abb. 21. Die Kurven zeigen einen viel unregelmäßigeren Verlauf, wie die der ph-Auszählung. Der überbrückte Helligkeitsbereich ist wesentlich kleiner. Im Bereich der Grenzhelligkeit des Feldes 4 sind anscheinend zu viele schwache Sterne mitgezählt worden. Feld 3 zeigt einen derart gestörten Verlauf, daß es von dieser Betrachtung ausgeschlossen werden muß. Dieser war bereits in Abb. 22b bei schwachen Helligkeiten angedeutet, hielt sich dort aber in erträglichen Grenzen. Wesentlich besser sieht die Darstellung des Feldes 1,2 aus. Das Abbiegen der Kurve 1,2 im

Helligkeitsintervall $11^m - 12^m$ [1]) ist hier wohl nicht reell; denn in Abb. 22a setzte das Abbiegen bei den Sternen der 11^m [1]) ein; der mittlere Farbenindex der 11. ph-Größe beträgt nach Tabelle 14: $1^m\!.1$, so daß sich die Depression in Abb. 24 bereits bei den Sternen der 10^m bemerkbar machen müßte, was aber nicht beobachtet wird. Die in Abb. 24 eingetragene, auf $b = -10^0$ reduzierte normale Verteilungskurve wurde unter Benutzung des Mittelwertes der für die Bearbeitung der ph-Helligkeiten abgeleiteten Breitenkorrektion von $-0{,}17$ in $\log N_m$ erhalten. Genaue, für jedes Intervall gültige Werte ließen sich mangels der Kenntnis der Sternverteilung in Abhängigkeit von der phvis-Größe (5800) nicht ableiten. Die Skalenverschiebung der Kurve 1, 2 gegen die reduzierte Kurve 4 beträgt nach Abb. 24 bis auf die Unsicherheit der Breitenkorrektion etwa $1^m\!.2$. Definitionsgemäß ist die selektive Absorption die Differenz zweier für verschiedene Wellenlängen gültigen Absorptionsbeträge; somit ergibt sich durch Addition von $0^m\!.9$ (abgeleitet aus Abb. 23) zu $1^m\!.2$ der Wert der ph-Absorption zu $2^m\!.1$, also in guter Übereinstimmung mit dem in Abschnitt 11 abgeleiteten maximalen Betrag $2^m\!.1$.

Diese starke Rotverfärbung der Sterne in Feld 1, 2 muß sich selbstverständlich auch in der Beziehung zwischen den im Dunkelgebiet klassifizierten Spektren und den entsprechenden F. I. bemerkbar machen (siehe Abb. 15, Kreuze). Fast alle Werte befinden sich unterhalb der mittleren Beziehung zwischen Spektren und F. I. des Feldes 4; darin kommt eben die Verfärbung zum Ausdruck. Erst bei den späteren Typen, die sich wegen des Anteils an Zwergen zum Teil vor und in der absorbierenden Wolke befinden, gehen beide Beziehungen ineinander über. Da in Feld 1, 2 alle Sterne ab ~ 350 Parsec hinter der absorbierenden Materie liegen, wurden nur die F. I. der schwächeren B 8-A 2-Sterne ($m_{ph} \geq 10{,}6$; $r \geq 350$ Parsec für $M_{ph} = +0{,}9$) herangezogen und das Mittel der F. I. zu $+0^m\!.76 \pm 0^m\!.07$ berechnet, so daß sich also gegen die normalen B 8-A 2-Sterne des Feldes 4 (Nullpunkt $= -0^m\!.15$) eine selektive Absorption von $+0^m\!.91$ ergibt. Die Verfärbung, die sich somit aus den F. I. der A-Sterne folgern läßt, stimmt gut mit dem aus den mittleren Farbenindizes berechneten Wert überein.

14. Vergleich der Ergebnisse mit denen SCHALÉNS *und Diskussion.* Es mögen noch einmal die in den Abschnitten 11, 12 und 13 gewonnenen Ergebnisse zusammengestellt und mit denen SCHALÉNS verglichen werden.

Feld 1, 2. Mittels der WOLFschen Kurven ließ sich für dieses Dunkelgebiet eine ab etwa 100 Parsec wirksame absorbierende Materie nachweisen,

---

[1]) Diese Helligkeitsangabe bezieht sich auf die in Feld 1, 2 beobachteten Größenklassen.

die im ph-Spektralbereich rund $1^m\!\!.4$ abschirmt. Etwa von der $8^m - 9^m\!\!.5$ (ungeschwächt) laufen die Kurven (siehe Abb. 22a) innerhalb der durch die v. d. PAHLENsche Methode zugelassenen Ungenauigkeitsgrenzen parallel. In der mittleren Entfernung der Sterne $9^m\!\!.5$ (250 Parsec) setzt wahrscheinlich eine weitere Lichtabschwächung ein, derart, daß ab etwa 350 bis 400 Parsec alle Sterne hinter der Materie liegen und ihr Licht um weitere $0^m\!\!.7$, insgesamt also um $2^m\!\!.1$, absorbiert wird. Dieses Ergebnis steht in engem Zusammenhang mit dem Verlauf der mittleren Farbenindizes in den Feldern 1, 2 und 4. Das Licht aller Sterne in 1, 2, die weiter als 350 Parsec entfernt sind, ist um $0^m\!\!.9$ verfärbt; d. h. die im Spektralbereich 5800 wirksame Absorption beträgt rund $1^m\!\!.2$. Der Verlauf der obersten Kurve (1,2) in Abb. 23 spricht für die Vorstellung einer Zunahme der Absorption und somit Verfärbung in einer Entfernung von rund 250 bis 300 Parsec.

Feld 3. Dies Feld stellt ein Übergangsgebiet mit einer geringeren Absorption von etwa $1^m - 1^m\!\!.2$ dar. Die Verfärbung ergab sich zu rund $0^m\!\!.5$. Mittels der Wahrscheinlichkeitsmethode (siehe Abschnitt 12) konnte der Schluß gezogen werden, daß Feld 3 einen etwas unregelmäßigeren Verlauf der Sternzahlen aufweist als die Gesetze einer zufälligen Sternverteilung zulassen. Dies wurde durch die WOLFschen Kurven für die phvis-Helligkeiten bestätigt.

SCHALÉN fand für die Aurigawolke eine Gesamtabsorption für den ph-Bereich (4400) von $1^m\!\!.9$. Die Materie erstreckt sich nach seinen Untersuchungen von etwa 70 bis 400 — 450 Parsec. Die ph-Absorption ist also etwas kleiner, wie auch zu erwarten war, da die von SCHALÉN benutzte wirksame Wellenlänge größer ist (4400 gegen 4160). Indessen wird dieser Unterschied nur für einen Teil der Absorptionsdifferenz verantwortlich sein; denn es ist noch zu bemerken, daß SCHALÉN keine Unterteilung seines Dunkelfeldes S nach Gebieten verschieden großer Absorption vorgenommen hat; demnach verteilt sich die in Feld 3 gefundene geringere Absorption auf das ganze Gebiet S. — Die Entfernungsgrenzen stimmen gut mit den in vorliegender Arbeit abgeleiteten Werten überein; jedoch hat SCHALÉN keine Zunahme der Abschwächung in 250 bis 300 Parsec gefunden, vielmehr schließt er auf eine kontinuierliche Absorption (5^m/pro 1000 Parsec), die sich von 70 bis 450 Parsec erstrecken soll. Es mag allerdings darauf hingewiesen werden, daß in der Abb. 15 (Upsala Meddel. 55) ein leichtes Ansteigen der Beziehung zwischen Entfernung und Absorption in etwa 300 Parsec angedeutet ist. — Die in Upsala Meddel. 58 für das Feld S abgeleitete selektive Absorption beträgt für die Wellenlängendifferenz 4400 bis 3950 Å $0^m\!\!.21$, allerdings unter Berücksichtigung einer Verfärbung der Sterne im hellen

Milchstraßengebiet[1]) von $0^{m}_{.}07/1000$ Parsec. Nach den Ergebnissen des Abschnitts 9 vorliegender Untersuchung ist jedoch eine selektive Absorption in Feld 4 nicht wahrscheinlich. Unterzieht man daher die Beobachtungen SCHALÉNS unter diesem Gesichtspunkt einer neuen Diskussion, dann ergibt sich für die Verfärbung im Feld S der Wert zu $0^{m}_{.}17$ (3950/4400).

Im folgenden sollen die Fehler betrachtet werden, die in die WOLFschen Kurven eingehen und somit die gewonnenen Ergebnisse beeinflussen können.

Die natürliche Streuung in den Sternzahlen ist proportional $\sqrt{N_m}$ (Dispersion der POISSONschen Verteilung). Diese ist durch die mittels der v. D. PAHLENschen Methode berechneten Grenzen charakterisiert. — Die Unsicherheit in den Helligkeiten. Auf diesen Punkt wurde schon in Abschnitt 12 hingewiesen. Es werde z. B. das Intervall $8^{m}_{.}0 - 8^{m}_{.}9$ betrachtet. Dies enthält definitionsgemäß alle Sterne der Größe $7^{m}_{.}95 - 8^{m}_{.}94$. Läßt man eine mittlere Unsicherheit der Größenklassen von $\pm 0^{m}_{.}1$ zu, dann wird es eine Anzahl Sterne n_2 geben, die, dem Intervall $8^{m}_{.}0 - 8^{m}_{.}9$ zugerechnet, in Wirklichkeit der Gruppe $9^{m}_{.}0 - 9^{m}_{.}9$ angehören wird; ebenso eine gewisse Zahl n_1, die, dem Intervall $9^{m}_{.}0 - 9^{m}_{.}9$ zugewiesen, in Wirklichkeit der Gruppe $8^{m}_{.}0 - 8^{m}_{.}9$ angehört. Da infolge des Anwachsens der Sterne mit schwächer werdender Helligkeit das Intervall $9^{m}_{.}0 - 9^{m}_{.}9$ etwa dreimal mehr Sterne als die Gruppe $8^{m}_{.}0 - 8^{m}_{.}9$ enthält, wird der Anteil n_2, der fälschlicherweise dem Intervall $8^{m}_{.}0 - 8^{m}_{.}9$ zugerechnet wurde, größer sein als n_1. n_2 wird sich um so mehr n_1 nähern, je enger die betrachteten Intervalle sein werden, etwa $8^{m}_{.}7 - 8^{m}_{.}9$ und $9^{m}_{.}0 - 9^{m}_{.}2$. Diese Breite wird aber durch die zugelassenen Fehlergrenzen $\pm \Delta m$ bestimmt. Läßt sich also zeigen, daß n_1 und n_2 praktisch übereinstimmen, dann werden geringe Unsicherheiten in den Größenklassen zweier enger, benachbarter Intervalle nicht ins Gewicht fallen. Da Δm im Mittel $\pm 0^{m}_{.}1$ kaum überschreiten wird, und da nach den Groninger Zahlen für den galaktischen Gürtel pro Zehntel Größenklasse der Zuwachs an Sternen durch folgende Beziehung ausgedrückt wird: $A_{(m+0^{m}_{.}1)} - A_m = 0,1 \cdot A_m$, so ergibt sich für das darauf folgende $0^{m}_{.}1$-Intervall: $A_{(m+0^{m}_{.}2)} - A_{(m+0^{m}_{.}1)} = 0,1 \cdot A_{(m+0^{m}_{.}1)}$. Die Gruppe $(m + 0^{m}_{.}2) - (m + 0^{m}_{.}1) = 0^{m}_{.}1$ enthält somit: $0,1 \cdot A_{(m+0^{m}_{.}1)} - 0,1 \cdot A_m = 0,1 (A_{(m+0^{m}_{.}1)} - A_m) = 0,01 \cdot A_m$ mehr Sterne als das Intervall $(m + 0^{m}_{.}1) - m$. Ein Überschlag zeigt, daß für die 14^{m} ($\log A_m$

---

[1]) Das von SCHALÉN behandelte Dunkelfeld S enthält Feld 1, 2 und 3; Feld 4 erstreckt sich zu gleichen Teilen in die Gebiete B und N, die SCHALÉN zusammengefaßt hat.

$= 2{,}60$; $A_m = 398$) die Differenz: $n_2 - n_1$ größenordnungsmäßig $= 4$ ist; mit anderen Worten ist es zulässig, bis zur 14^m (bis dorthin erstrecken sich die Kurven) $n_1 \simeq n_2$ zu setzen. Mithin werden sich die Fehler in der Grenze zweier Intervalle praktisch aufheben, zumindest aber in der natürlichen Streuung verschwinden[1]).

Angesichts dieser Überlegungen scheint es nicht statthaft zu sein, etwa in Abb. 22a (die helleren Sterne natürlich wegen ihrer geringen Anzahl ausgenommen) durch die Punkte eine *mittlere Kurve* zu legen, also das Abbiegen nicht zu berücksichtigen. Vielmehr muß, wie die angegebenen Streubereiche zeigen, das Abbiegen bei den Sternen der 11^m wohl als reell angesehen werden (die Streugrenzen sind mittels der $\sqrt{N_m}$-Werte eingezeichnet; sie sind enger als die mit der Wahrscheinlichkeitsmethode berechneten Grenzen!).

Die Dispersion in den absoluten Helligkeiten. Streng genommen kann man aus dem Verlauf der WOLFschen Kurven den Beginn einer Dunkelwolke nur festlegen, wenn keine Dispersion in den absoluten Helligkeiten der Sterne vorhanden ist; denn nur dann wird das Abbiegen der Dunkelfeldkurve von der des Vergleichsfeldes den Anfang der Wolke festlegen; und nur unter dieser Voraussetzung wird es möglich sein, die Tiefenausdehnung exakt zu bestimmen und mehrere, hintereinanderliegende Wolken voneinander zu trennen. Diese Bedingung ist jedoch nicht erfüllt. Die Streuung in den absoluten Helligkeiten wird sich darin äußern, daß das Abbiegen ausgeglichen wird. Erst wenn die Kurven wieder streng parallel verlaufen, läßt sich der Betrag der Skalenverschiebung genau angeben. Diese Fehlerquelle läßt sich bei genügend großer Anzahl der Sterne dadurch umgehen, daß man die WOLFschen Kurven nach Spektraltypen getrennt aufstellt, also danach strebt, die Dispersion möglichst zu verringern. Da nun die Mischung der Spektraltypen und somit die mittlere absolute Helligkeit von der Entfernung abhängen werden, ergibt sich bei Behandlung eines Beobachtungsmaterials nach der WOLFschen Methode für alle Spektraltypen zusammen die Forderung, nicht die kumulativen Sternzahlen, sondern die pro Größen-

---

[1]) Vgl. auch die Arbeiten von B. J. BOK (The Distribution of the Stars in Space, Chikago 1937) und F. D. MILLER (Astr. Journ. Nr. 1074, 1937). Dort stellt MILLER eine ähnliche Überlegung an und gelangt zu dem Schluß, daß bei einem Fehler von $\pm 0^{m}_{,}1$ bei einer Sternzahl > 100 die dadurch verursachte Ungenauigkeit die natürliche Streuung überschreiten wird. MILLER hat jedoch in seiner Kritik nicht bedacht, daß in zwei benachbarten Größenklassenintervallen sich Abzählungsfehler, die durch Helligkeitsfehler verursacht werden, gegenseitig praktisch aufheben, wie oben dargelegt wurde.

klassenintervall gezählten Werte zu benutzen; denn infolge der Summierung wird sich die Dispersion vergrößern, und damit wird die Glättung der abbiegenden Kurve noch mehr betont werden. Die eben diskutierte Dispersion in M ist jedoch nicht allein für die Glättung verantwortlich. Der Hauptanteil liegt im folgenden begründet: Es werde z. B. das Intervall m bis $m + 1$ betrachtet. Der Einfachheit halber werde die Verteilung nur einer Spektralklasse geringer Dispersion angenommen; dann wird sich das Abbiegen in diesem Intervall um so schärfer ausprägen, je geringer der Zuwachs ΔN_m in dem Bereich $m + 1$ bis $m + 2$ ist; d. h. aber, je mehr sich das Verhältnis $\dfrac{N_{m+3/2}}{N_{m+1/2}}$ der Einheit nähert. Ist die Wolke von endlicher Ausdehnung, dann wird das Abbiegen außerdem um so schärfer hervortreten, je steiler die Wolf-Kurve ohne Absorption verläuft, und wenn die Kurve im Bereich des Abbiegens möglichst horizontal liegt. In diesem Falle wird also $N_{m+3/2} \simeq N_{m+1/2}$ sein. Damit nun in einer kumulativen Darstellung das Abbiegen ähnlich scharf hervortritt, muß $A_{m+2} \simeq A_{m+1}$ sein, oder allgemeiner:

$$\frac{A_{m+2}}{A_{m+1}} = \frac{A_{m+1} + N_{m+3/2}}{A_{m+1}} = 1 + \frac{N_{m+3/2}}{A_{m+1}} \to 1.$$

In dem Falle des horizontalen Verlaufes heißt dieses nichts weiter, als daß in dem Intervall $m + 1$ bis $m + 2$ *kein* Stern gezählt werden darf. Dies wird jedoch nur unter der Voraussetzung einer unendlich dünnen Wolke mit einer Absorption $\geqq 1^m$ der Fall sein. Im allgemeinen wird bei endlicher Ausdehnung im Intervall $m + 1$ bis $m + 2$ mindestens eine $N_{m+1/2}$ ähnliche Zahl $N_{m+3/2}$ festgestellt werden; diese wird zu A_{m+1} addiert, so daß $1 + \dfrac{N_{m+3/2}}{A_{m+1}}$ um so mehr von 1 verschieden sein wird, je größer $N_{m+3/2}$ ist. Es werden also im Bereich des Abbiegens die kumulativen Wolf-Kurven steiler verlaufen als die log N_m-Kurven, und somit wird der Knick geglättet werden. Hierfür mögen einige Beispiele angeführt werden:

In den Astron. Nachr. 5473 hat M. Wolf seine Untersuchung über den dunklen Nebel bei M 11 Scuti veröffentlicht. Wolf bediente sich zur Ableitung der Entfernung und Absorption der kumulativen Sternzahlen. Mittels seiner mitgeteilten Werte wurde die Darstellung für die log A_m mit der für die log N_m verglichen (siehe Abb. 25). Der Unterschied kommt außerordentlich deutlich heraus. Der Betrag der Skalenverschiebung wird nicht wesentlich geändert; wohl aber setzt viel früher der parallele Verlauf der Kurven ein. Das Abbiegen ist *sehr* deutlich ausgeprägt. Wolf schreibt in der Arbeit selbst: „Der als Hauptkriterium für die Dunkelwolken zu fordernde Knick, d. h. das plötzliche Absinken der Sternzahl der Leere bei einer bestimmten Größenklasse ist hier nicht so klar ausgeprägt wie bei anderen Leeren..." — Als weiteres Beispiel sei die Untersuchung SCHALÉNS angeführt[1]). Dieser erhielt mittels einer kurzen Diskussion WOLFscher

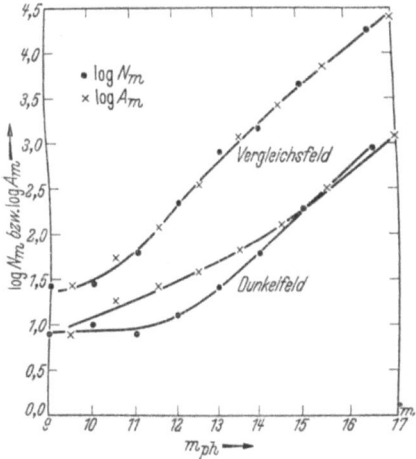
Abb. 25. Darstellung der Wolfschen Sternzahlen für M 11 Scuti, zur Veranschaulichung des Unterschiedes zwischen den kumulativen Sternzahlen A_m und denen pro Größenklassenintervall: N_m.

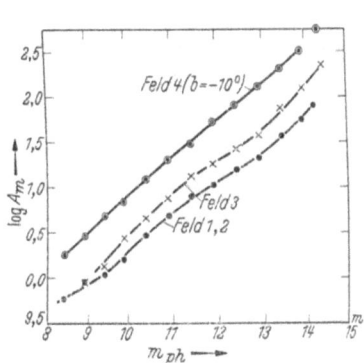
Abb. 26. Beziehungen der log der kumulativen Sternzahlen zu den ph-Größenklassen. Feld 4 ist auf $-10°$ gal. Breite reduziert (s. Tabellen 5 und 6, Spalte 7 und 6 und Tabelle 7b, Spalte 5.

Kurven der kumulativen Zahlen für alle Spektraltypen zusammen eine Gesamtabsorption von rund $1\overset{m}{.}4$. In diesem Fall führt also die Diskussion der kumulativen Zahlen zu einem um 26% zu kleinen Wert (gegenüber $1\overset{m}{.}9$)[2]). Eine Ergänzung hierzu bietet die Darstellung der kumulativen

---

[1]) C. SCHALÉN, Upsala Meddel. **55**, 56, 1931. — [2]) Auf diesen Punkt hat besonders auch MILLER in der mehrfach zitierten Arbeit hingewiesen. Er schreibt: „Clearly it is necessary to follow exactly the method described by WOLF for estimating the total absorption..." D. h. nach seiner Interpretation: Um die WOLFsche Methode genau anzuwenden, sind die Sternzahlen pro Größenklassenintervall zu nehmen. Es muß aber an dieser Stelle darauf hingewiesen werden, daß sich WOLF selber bei der Diskussion seines Beobachtungsmaterials nicht immer der Sternzahlen pro Größenklassenintervall, sondern mehrfach der kumulativen Zahlen bedient hat, wie folgende Aufstellung zeigt: „Die Sternleeren bei S Monoc." Seeliger Festschrift 1924: log N_m. — „Über den dunklen Nebel NGC 6960", A. N. 5239: log A_m. — „Die Sternleeren bei M 11 Scuti", A. N. 5473: log A_m. — „Die Sternzahl am galaktischen Pol", A. N. 5473: log A_m. — „Die Sternleeren beim Amerikanebel". A. N. 5334: log N_m.

Sternzahlen der Felder 1,2; 3 und 4 (siehe Tabellen 5 und 6, Spalte 7 bzw. 6 und Tabelle 7b, Spalte 5) in Abb. 26. Die Kurven verlaufen wohl glatter, wie dies infolge der durch die Summierung gewonnenen größeren Sternzahlen auch zu erwarten ist; das Abbiegen der Kurve für Feld 1,2 bei den Sternen $11^m - 12^m$ (Feld 1,2) ist aber praktisch verwischt; die maximale Skalenverschiebung beträgt $1\overset{m}{\cdot}9$, ist also um 10% kleiner als der Wert $2\overset{m}{\cdot}1$ (siehe Abb. 22a).

Die ausgedehnten Dunkelgebiete im Auriga-Taurus-Perseus-Feld sind durch die Untersuchungen von Schalén (l. c.), Pannekoek[1], von Klüber[2] Reimer[3] und Lehmann-Balanowskaja[4] weitgehend in ihrer Struktur erforscht. Die in Abb. 1 südlich von der weißumrandeten Aurigawolke befindlichen ausgedehnten Dunkelgebiete sind von Pannekoek und von v. Klüber eingehend untersucht worden. Nach ihren Vorstellungen handelt es sich dort um strukturreiche, etwa 1^m bis 2^m absorbierende Wolken in einer Entfernung von etwa 200 Parsec. Stellenweise nimmt die Absorption bis auf 4^m zu. Diese verfinsterten Gebiete setzen sich in Richtung kleinerer Rektaszension fort[5]. Der bei o Pers. (in Abb. 1 durch ein × am rechten Rand markiert; in der Karte von Dyson und Melotte ist dieses ausgedehnte Dunkelgebiet zwischen 3^h und 4^h und $+30^0$ zu finden) befindliche Teil ist von Reimer untersucht worden. Dieser fand zwei hintereinanderliegende Wolken in einer Entfernung von etwa 100 bis 600 Parsec mit $\sim 2\overset{m}{\cdot}9$ ph-Gesamtabsorption. Nordwärts verästeln sich die Tauruswolken bis in das Absorptionsgebiet in Auriga. Das von Lehmann-Balanowskaja untersuchte Dunkelfeld nördlich von ξ Persei steht dem Augenschein nach ebenfalls mit der Aurigawolke in Verbindung. Die Verfasserin fand eine im ph-Gebiet $0\overset{m}{\cdot}4$ absorbierende Materie in etwa 260 bis 450 Parsec Entfernung. Eine zweite Wolke scheint angedeutet zu sein (1000 Parsec; $1\overset{m}{\cdot}5$ bis $2\overset{m}{\cdot}0$). Zwischen den Wellenlängen 4350 und 5500 ergab sich eine Verfärbung durch die erste Wolke von $0\overset{m}{\cdot}18/190$ Parsec, also etwas weniger als die Hälfte der ph-wirksamen Absorption. Es ist vielleicht erlaubt, die große selektive Absorption, die in vorliegender Arbeit für die Aurigawolke (4160/5800) gefunden wurde, als Stütze für die obige Vermutung eines Zusammenhanges beider Wolken anzuführen. Es muß aber bemerkt werden, daß infolge der Ungleichheit der wirksamen Wellen-

---

[1] A. Pannekoek, Amsterdam Proc. **23**, 5, 1920. — [2] H. v. Klüber, ZS. f. Astrophys. **6**, 259, 1933; **13**, 174, 1937. — [3] J. P. Reimer, Mitt. d. Sternwarte Wien **4**, 237, 1935. — [4] J. N. Lehmann-Balanowskaja, Pulkowo Bull. **14**, 1, 1935. — [5] Siehe auch die Karte von Dyson u. Melotte, M. N. **80**, 3, 1919.

längen λ_i die Verhältnisse $0\overset{m}{.}2/0\overset{m}{.}4$ (LEHMANN-BALANOWSKAJA) und $0\overset{m}{.}9/2\overset{m}{.}1$ (HARTWIG) nicht unmittelbar vergleichbar sind; denn die größere Wellenlängenamplitude in vorliegender Untersuchung geht in das Verhältnis $0\overset{m}{.}9/2\overset{m}{.}1$ ein. Es wäre sehr interessant, die noch fehlenden Verbindungen zwischen der ξ Persei- und der Aurigawolke sowie zwischen dieser und dem Taurusgebiet mittels der v. D. PAHLENschen Methode und mit Hilfe von Farbenindizes zu untersuchen und somit die Lücken zu schließen.

Es ist mir eine angenehme Pflicht, Herrn Prof. Dr. H. LUDENDORFF meinen herzlichen Dank für seine freundliche Erlaubnis, vorliegende Arbeit am Astrophysikalischen Observatorium zu Potsdam anfertigen zu dürfen, auszusprechen; ebenso Herrn Prof. Dr. P. GUTHNICK für sein Interesse an dieser Arbeit.

Herrn Prof. Dr. R. MÜLLER möchte ich meinen herzlichen Dank dafür sagen, daß er mir während der Anfertigung der Arbeit stets mit seiner Erfahrung und seinem Rat zur Seite gestanden hat. Herrn Dr. W. BECKER danke ich sehr für manche wertvolle Diskussion.

Lebenslauf

Am 1. September 1912 wurde ich in Castrop-Rauxel (Westfalen) als Sohn des praktischen Arztes Dr. med. Carl Hartwig und seiner Ehefrau Sophie, geb. Alberti, geboren. Nach dem neunjährigen Besuch des dortigen Reform-Realgymnasiums bestand ich Ostern 1931 die Reifeprüfung. Anschließend arbeitete ich 6 Monate bei der Firma Carl Zeiss, Jena, als Praktikant. Nebenbei hörte ich einführende Vorlesungen über Physik und Astronomie. Vom Wintersemester 1931/32 bis zum Sommersemester 1933 war ich an der Göttinger Universität eingeschrieben, um Mathematik, Physik, Astronomie und Chemie zu studieren. Vom Wintersemester 1933/34 bis zum Wintersemester 1935/36 besuchte ich die Berliner Universität. Die beiden letzten Semester (Sommersemester 1935 und Wintersemester 1935/36) war ich beurlaubt, um am Astrophysikalischen Observatorium zu Potsdam meine Doktordissertation anzufertigen. Am Ende des Wintersemesters 1935/36 ließ ich mich exmatrikulieren.

Ich besuchte die Vorlesungen und Übungen folgender Herren Professoren und Dozenten:

In Jena: Vogt und Wien.

In Göttingen: Angenheister, Cario, Cauer, Courant, Franck, Hilbert, Kienle, Lietzmann, Meyermann, Neugebauer, Pohl, Saller, Schuler, Weyl, Windaus.

In Berlin: Bieberbach, Bottlinger †, Dessoir, Grotrian, Guthnick, Kiebitz, Klose, Kopff, Möglich, Odebrecht und Philipp.

Georg Hartwig

MIX
Papier aus verantwortungsvollen Quellen
Paper from responsible sources
FSC® C105338

If you have any concerns about our products,
you can contact us on
ProductSafety@springernature.com

In case Publisher is established outside the EU,
the EU authorized representative is:
**Springer Nature Customer Service Center GmbH
Europaplatz 3, 69115 Heidelberg, Germany**

Printed by Libri Plureos GmbH
in Hamburg, Germany